发酵酸菜来源乳酸菌及其细菌素的研究

赵圣明　赵岩岩　朱明明　著

中国农业出版社

图书在版编目（CIP）数据

发酵酸菜来源乳酸菌及其细菌素的研究 / 赵圣明，赵岩岩，朱明明著．—北京：中国农业出版社，2018.10
ISBN 978-7-109-24828-1

Ⅰ．①发…　Ⅱ．①赵…　②赵…　③朱…　Ⅲ．①泡菜—乳酸细菌—研究　Ⅳ．①TS255.54

中国版本图书馆 CIP 数据核字（2018）第 242683 号

中国农业出版社出版
（北京市朝阳区麦子店街 18 号楼）
（邮政编码 100125）
责任编辑　王玉英

北京印刷一厂印刷　　新华书店北京发行所发行
2018 年 10 月第 1 版　　2018 年 10 月北京第 1 次印刷

开本：850mm×1168mm　1/32　　印张：4.75
字数：100 千字
定价：35.00 元

前　　言

乳酸菌是一类不产芽孢、能发酵糖类产生乳酸的厌氧或兼性厌氧的细菌总称。乳酸菌在自然界中分布非常广泛，尤其是在营养丰富的自然环境中，如乳制品、发酵肉制品、发酵蔬菜、发酵果汁、青贮饲料、腐烂的植物、水果、下水道以及人类和动物的消化道、口腔等。早在数千年前人们就已经开始利用乳酸菌发酵生产米酒等食品，数千年来的应用已经证明乳酸菌是安全无害的，而且对人体有益生保健作用，因此乳酸菌已经被国际上公认为是安全的（generally recognized as safe，GRAS）细菌。乳酸菌作为一种益生菌已经应用到食品工业的各个领域，目前许多乳酸菌也被应用到了医疗保健方面。虽然在乳酸菌中有多种革兰氏阴性菌和革兰氏阳性菌具有产细菌素的能力，但是由于乳酸菌被认为是安全的（GRAS），而且大多数产细菌素的乳酸菌都分离自天然发酵食品中，因此乳酸菌产的细菌素更具有发展成为食品防腐剂的潜力。

乳酸菌在正常的生长代谢条件下可以生成多种具有抑菌效果的物质，如有机酸、双乙酰、3-羟基丁酮、过氧化氢、罗伊氏素和细菌素等，其中细菌素由于其抑菌活性好，经人体摄入后可以被胃蛋白酶降解的优势，近些年得到了广泛的研究。细菌素是核糖体合成的抗菌蛋白，乳酸菌产生的大多数细菌素是热稳定的小分子（<10ku）阳离子多肽。由乳酸菌产生的细菌素目前已经开始用于食品防腐保鲜中，例如，Nisin 和 Pediocin PA-1 已经有商品化的产品在销售使用。植物乳杆菌是乳酸菌中最重要且用途最广泛的物种，具有较强的耐酸性并且被认为是安全的微生物，目前已经被广泛地应用到食品相关领域中。同时植物乳杆菌是肠道菌群中的益生菌，能够穿过胃液的消化进入并定殖于人和其他哺乳动物的肠道内。此外，传统食品加工领域中植物乳杆菌一直被做为食品发酵的起始发

酵剂，同时也作为益生食品中重要的组成成分，许多植物乳杆菌菌株已经在市场上被商业化应用。许多植物乳杆菌能够产生细菌素，且细菌素具有热稳定性高、耐酸、抑菌谱广以及能够被蛋白酶降解等优点，已经成为食品行业生物防腐剂开发的一个热门方向。

随着食品科技的飞速发展，越来越多的化学添加剂应用到食品工业中，给食品安全带来了一些潜在危害。同时，食品中微生物的污染也日益严重，世界上每年都有许多起因食品中微生物污染导致的群体性中毒事件。食源性疾病的不断增加已经日益引起了公众和政府部门的高度重视，食品安全目前已经成为全世界范围内的重要课题。因此，食品防腐保鲜方法的研究已经成为目前的热门研究方向。目前，食品防腐主要采用的是化学方法和物理方法，人为地添加化学防腐剂，若高剂量或者长期地摄入会对人体产生蓄积毒性作用，对人体的肝脏等产生有害影响，甚至一些化学防腐剂有致畸性或致癌性等问题。物理防腐，如加热灭菌会导致食品的色泽、质构及风味发生一定的变化，从而对食品的品质造成不良的影响。而辐照灭菌等可能会破坏食品中氨基酸结构，引起脂肪的氧化等，从而导致食品的营养价值降低。因此，开发高效、广谱、安全的天然生物防腐剂已经成为食品工业发展的重要研究热点。作者正是基于这个出发点，对发酵酸菜食品中产细菌素的乳酸菌进行一系列的研究和探索。本书所述内容是从产细菌素乳酸菌菌株的分离鉴定开始，对其所产的细菌素进行分离纯化及结构解析，并为提高其发酵产量进行了食品级培养基优化，最后基于转录组学手段对其抑菌机理进行了研究，为细菌素在食品防腐保鲜中的应用奠定理论基础。

本书的出版得到河南科技学院高层次人才科研启动项目（2016018）的资助，同时得到南京农业大学别小妹教授和河南科技学院马汉军教授的大力支持和帮助，在此表示衷心的感谢。

由于编者专业水平和经验有限，加之时间仓促，书中难免有疏漏之处，恳请各位专家和读者提出宝贵意见。

著者

2018年6月

目　录

前言

第一章　绪论 …… 1

第一节　乳酸菌与乳酸菌细菌素 …… 1

一、乳酸菌 …… 1

二、乳酸菌细菌素 …… 2

三、植物乳杆菌及植物乳杆菌素 …… 5

第二节　转录组学概述 …… 14

一、转录组简介 …… 14

二、转录组学抑菌机制研究进展 …… 16

三、食品中蜡样芽孢杆菌污染的研究进展 …… 18

第二章　产广谱抑制芽孢杆菌细菌素植物乳杆菌 JLA-9 分离筛选及鉴定 …… 21

第一节　研究材料与方法概论 …… 22

一、试验材料 …… 22

二、试验方法 …… 24

第二节　产广谱抑制芽孢杆菌细菌素乳酸菌的分离、筛选与鉴定 …… 26

一、产抑制芽孢杆菌活性物质菌株的筛选 …… 26

二、菌株 JLA-9 的形态特征及生理生化鉴定 …… 28

三、菌株 JLA-9 基于 16S rDNA 基因的分子生物学鉴定 …… 30
第三节 结果与讨论 …… 32

第三章 植物乳杆菌 JLA-9 产细菌素 Plantaricin JLA-9 分离纯化、结构鉴定及性质研究 …… 34

第一节 研究材料与方法概述 …… 35
一、试验材料 …… 35
二、试验方法 …… 37
第二节 植物乳杆菌产细菌素的分离纯化、结构鉴定研究 …… 41
一、植物乳杆菌 JLA-9 生长曲线及抑菌活性曲线测定 …… 41
二、抑菌活性组分粗分离条件选择 …… 42
三、抑菌活性组分凝胶层析纯化 …… 43
四、抑菌活性物质的全波长扫描 …… 44
五、抑菌活性物质的反向高效液相色谱纯化 …… 45
六、抑菌活性物质的结构鉴定 …… 46
七、细菌素 Plantaricin JLA-9 抑菌谱测定 …… 48
八、细菌素 Plantaricin JLA-9 的性质研究 …… 49
第三节 结果与讨论 …… 51

第四章 植物乳杆菌 JLA-9 产细菌素 MRS 培养基的优化 …… 54

第一节 研究材料与方法概论 …… 55
一、试验材料 …… 55
二、试验方法 …… 56

第二节　植物乳杆菌产细菌素 MRS 培养基优化 …………… 59
一、抑菌相对效价的定义 …………………………………… 59
二、不同碳源对植物乳杆菌 JLA-9
产细菌素的影响 ………………………………… 59
三、不同氮源对植物乳杆菌 JLA-9
产细菌素的影响 ………………………………… 60
四、不同生长促进因子对植物乳杆菌 JLA-9
产细菌素的影响 ………………………………… 61
五、不同磷酸盐缓冲液对植物乳杆菌 JLA-9
产细菌素的影响 ………………………………… 62
六、果糖含量的确定 ………………………………… 63
七、氮源含量的确定 ………………………………… 64
八、磷酸盐含量的确定 ……………………………… 65
九、响应面优化 …………………………………………… 66
第三节　结果与讨论 ………………………………………… 72

第五章　细菌素 Plantaricin JLA-9 对蜡样芽孢杆菌芽孢的抑制机理研究 ……………………… 74

第一节　研究材料与方法概论 …………………………… 75
一、试验材料 ……………………………………………… 75
二、试验方法 ……………………………………………… 76
第二节　细菌素对蜡样芽孢杆菌芽孢的抑制机理研究 ……………… 80
一、Plantaricin JLA-9 定量检测方法的建立 ……… 80
二、芽孢的制备 …………………………………………… 80
三、蜡样芽孢杆菌最小抑菌浓度（MIC）和
最小抑制芽孢生长浓度（OIC）的确定 …………… 81

四、Plantaricin JLA-9 对蜡样芽孢杆菌芽孢
萌发开始的影响 …………………………………… 81
五、萌发开始对 Plantaricin JLA-9 作用于
芽孢的影响 ………………………………………… 84
六、Plantaricin JLA-9 对蜡样芽孢杆菌芽孢
生长的影响 ………………………………………… 85
七、Plantaricin JLA-9 对蜡样芽孢杆菌芽孢
萌发代谢活性的影响 ……………………………… 86
八、Plantaricin JLA-9 对蜡样芽孢杆菌芽孢
萌发膜完整性的影响 ……………………………… 87
九、Plantaricin JLA-9 对蜡样芽孢杆菌芽孢
膜电位的影响 ……………………………………… 88
第三节 结果与讨论 ………………………………… 89

第六章 基于转录组学的 Plantaricin JLA-9 抑制蜡样芽孢杆菌机理研究 ………………… 92

第一节 研究材料与方法概论 ……………………… 93
一、试验材料 ………………………………………… 93
二、试验方法 ………………………………………… 94
第二节 基于转录组学的细菌素抑制
蜡样芽孢杆菌机理研究 ……………………… 99
一、蜡样芽孢杆菌 RNA 提取电泳结果 …………… 99
二、细菌素 Plantaricin JLA-9 对蜡样芽孢杆菌
AS 1.1846 生长的抑制作用 ……………………… 100
三、细菌素 Plantaricin JLA-9 处理后蜡样芽孢
杆菌的转录变化 …………………………………… 101
四、细菌素 Plantaricin JLA-9 对蜡样芽孢杆菌
AS 1.1846 碳代谢的影响 ………………………… 102

五、细菌素 Plantaricin JLA-9 对蜡样芽孢杆菌
AS 1.1846 脂肪酸代谢的影响 …………………… 103
六、细菌素 Plantaricin JLA-9 对蜡样芽孢杆菌
AS 1.1846 氨基酸代谢的影响 …………………… 103
七、细菌素 Plantaricin JLA-9 对蜡样芽孢杆菌
AS 1.1846 芽孢形成的影响 …………………… 104
八、细菌素 Plantaricin JLA-9 对蜡样芽孢杆菌
AS 1.1846 细胞膜相关基因的影响 …………………… 106
九、细菌素 Plantaricin JLA-9 对蜡样芽孢杆菌
AS 1.1846 呼吸代谢的影响 …………………… 108
十、细菌素 Plantaricin JLA-9 对蜡样芽孢杆菌
AS 1.1846 离子转运的影响 …………………… 109
十一、细菌素 Plantaricin JLA-9 对蜡样芽孢杆菌
AS 1.1846 核酸代谢的影响 …………………… 112
十二、荧光定量 RT-PCR 验证转录组测序结果………… 113
第三节　结果与讨论 …………………… 114

参考文献…………………… 119

第一章 绪　论

第一节　乳酸菌与乳酸菌细菌素

一、乳酸菌

巴斯德研究乳酸发酵 10 年之后，J. Lister 在 1873 年分离得到第一个纯培养的乳酸菌（*Bacterium lactis*），该菌种在 1890 年被用于奶酪和酸奶的生产，而此时人类食用发酵食品已经超过了 5000 年。典型的乳酸菌（LAB）特征为革兰氏染色呈阳性，无芽孢形成，过氧化氢酶阴性，厌氧或兼性厌氧，耐酸，产乳酸，无鞭毛，不具有运动能力，菌体呈杆状或者球状，不含有细胞色素，因此不能合成卟啉进行光合作用。在一些特定的环境条件下，它的特征可能发生改变。例如，在缺乏亚铁血红素时，某些乳酸菌可以生成过氧化氢酶和细胞色素，同时乳酸被进一步代谢，从而降低乳酸的浓度。乳酸菌的特点在于利用葡萄糖合成乳酸作为主要的代谢终产物，也有一些杆菌，如伊色列氏放线菌也可以生成乳酸作为主要的终产物，但是这些菌不属于乳酸菌。乳酸菌 DNA 的 G+C 含量一般低于 55mol/mL。乳酸菌目前属于厚壁菌门，分为 6 个科，32 个属，主要通过分子生物学结合生理生化特征对其进行分类鉴定。

乳酸菌一般生长于营养丰富的自然环境中，如乳制品、发酵肉制品、发酵蔬菜、发酵果汁、青贮饲料、腐烂的植物、水果、下水道及人类和动物的消化道、口腔等。乳酸菌是人体内的益生菌，除了导致龋齿外，乳酸菌一般不被认为是致病菌。很多种类的乳酸菌被用于食品发酵，乳酸菌发酵的食品不仅能够产生良好的风味，而且其产生的乳酸和细菌素等可以有效地抑制有害微生物的生长，从而防止食品腐败，同时乳酸菌经人体摄入后可以定殖于肠道内，作为益生菌调节肠道菌群平衡，促进人体健康。

二、乳酸菌细菌素

乳酸菌（LAB）在正常的生长代谢条件下可以生成多种具有抑菌效果的物质，如有机酸、双乙酰、3-羟基丁酮、过氧化氢、罗伊氏素和细菌素等。其中，由于细菌素抑菌活性好，经人体摄入后可以被胃蛋白酶降解等优势，近些年得到了广泛的研究。细菌素是核糖体合成的抗菌蛋白，乳酸菌产生的大多数细菌素是热稳定的小分子（＜10ku）阳离子多肽。它们可以被分为三大类，由于研究不断地深入，具体的分类方法也不断地被修订。大多数细菌素没有专一的吸附性，乳酸菌细菌素在偏低的pH条件下具有更好的抑菌活性，因为它们可以吸附到革兰氏阳性菌的细胞表面，而细胞表面能够与细菌素互作的组分是具有pH依赖性的。在同一分类中细菌素的序列可能具有同源性，不仅是因为成熟的肽同源，而且与N段前导区和细菌素分泌及加工相关的蛋白有关。

（一）乳酸菌细菌素分类

Ⅰ类乳酸菌细菌素又称为羊毛硫细菌素，是一类小分子（＜5ku）的热稳定多肽，其含有多环醚性质的羊毛硫氨基酸和甲基羊毛硫氨基酸，以及一些未成熟的氨基酸，包括脱氢丙氨酸和2-氨基异丁酸，基于结构相似性，Ⅰ类细菌素被分为两种类型。Ⅰa包括一些相对直链、螺旋形、带正电荷的两亲性分子。它们的分子质量一般在2～4ku之间，主要通过在细胞膜形成孔洞或者膜的去极化作用于细菌，从而起到抑菌作用，其中Nisin

是这类细菌素的主要代表。Ⅰb是呈环状结构，它们的分子量一般在2～3ku之间，主要与细胞内的酶相互作用从而发挥抑菌作用。

需要经过翻译后修饰形成含硫氨基酸包括羊毛硫氨基酸和甲基羊毛硫氨基酸。这需要两步来完成，首先基因编码的丝氨酸和苏氨酸在酶的作用下可以通过缩水形成脱氢丙氨酸和脱氢酪氨酸。然后，来自于半胱氨酸的巯基加到脱氢丙氨酸和脱氢酪氨酸双键上，分别生成羊毛硫氨基酸和甲基羊毛硫氨基酸。两个相邻残基之间发生的这种缩合导致先前的线性肽形成了共价闭合的环状结构，从而赋予多肽新的结构和功能特性。此外，组成成分中还包括D-丙氨酸，它是由丝氨酸残基水解产生的。

Ⅱ类细菌素也是小分子的（＜10ku）相对热稳定性的非羊毛硫氨基酸多肽，它被分为两个小类，其中一类是Ⅱa，与片球菌素相似或者具有抑制李斯特菌活性的细菌素，拥有相同的N-端序列（Tyr-Gly-Asn-Gly-Val-Xaa-Cys）。当比较相关的氨基酸序列时可以发现它们的氨基酸序列具有高度的同源性（40%～60%）；此外，它们都被一个前导肽合成，然后在一个双甘氨酸残基的后面前导肽被蛋白酶解过程除去。另一类是Ⅱb，含有两个独立肽的细菌素，因为需要两个肽的协同作用才能具有抑菌作用。例如，Lactococcin G就是属于这类细菌素。

Ⅲ类细菌素是一类不耐热的蛋白，分子质量一般在30ku以上。这类细菌素目前研究得比较少，其中Enterolysin和Helveticin是这类细菌素的主要代表。

（二）乳酸菌细菌素的抑菌机制研究进展

虽然LAB细菌素通过多种抑菌机制对微生物起到抑制作用，但是一般都是以细胞膜作为作用靶标。Nisin对大多数革兰氏阳性菌具有较好的抑菌效果。相比较而言，Lactococcin A具有很窄的抑菌谱，仅仅抑制其他的乳酸菌株。在目标细胞膜和细菌素之间的初始静电吸附力被认为是其产生抑菌作用的最主要因素。虽然许多细菌素已经被发现能够导致敏感的微生物细胞膜形成孔洞，从而导致细胞内容物泄露引起细胞死亡，但是只有 Nisin 的作用机制是目前研究最深入详细的。Nisin 形成的孔洞能够破坏质子电动势差和 pH，从而引起离子的泄露和 ATP 的水解，最后导致细胞死亡。其他的乳酸菌细菌素也可以形成孔洞，例如 Epidermin、Pep5、Subtilin 和 Lacticin 3147。然而，之前研究一致认为 Nisin 也影响细胞壁的生物合成。现在最新的研究表明 Nisin 通过结合到脂质Ⅱ（一个肽聚糖前体）上以抑制细胞壁的生物合成。这种结合也与 Nisin 形成孔洞的能力相关。已经有研究表明，Nisin 单体需要聚集到一起后才能够结合到脂质表面。目前还不明确需要多少个 Nisin 单体聚集结合到一起才能够对细胞膜形成孔洞，这可能是一个细菌素不断结合和离开跨膜孔复合物的动态过程。Nisin 所具有的双重抑菌机制促使其在适当的浓度下就具有很好的抑菌活性。Mersacidin 也可以作用于脂质Ⅱ上，但是作用位点与 Nisin 不同；此外，它不具有导致细胞膜出现孔洞的能力。

Ⅱ类细菌素主要通过形成孔洞引起细胞膜破裂、内部 ATP 的消耗及氨基酸和离子的泄露等起到抑菌作用，从而杀死细菌。大量的实验数据证明，磷酸转移酶系统中的甘露聚糖酶 EII_t^{man} 是一个Ⅱa 类细菌素的假定受体。天然存在的细菌素抗性突变株最初引出了该理论，这些突变株表现出某个亚基表达量的降低，其中就包括 EII_t^{man}。例如，研究发现具有 Leucocin A 抗性的单增李斯特菌不能表达亚基ⅡAB，而编码另外一个膜亚基的基因 mptD 的突变，也导致一个单增李斯特菌株产生对 Mesentericin Y105 的抗性。目前的研究已经阐明 EII_t^{man} 是Ⅱa 类细菌素作用于细胞膜的一个靶点。

研究发现 Streptococcin A-FF22 只能在菌体细胞膜表面形成不稳定的孔洞，这些孔洞可以引起细胞膜的膜电位发生变化，抑制 ATP 的合成，最终导致菌体死亡。而 Nukacin ISK-1 既不能影响 *Bacillus subtilis* 的膜电位，也不能形成孔洞导致内容物外泄，但是仍具有杀死菌体的能力；此外，Lacticin 481 也不具有在菌体细胞表面形成孔洞的能力，这一类肽可能是由于其结构的限制导致它们不能形成细胞孔洞。

一些细菌素能够直接与细胞膜的脂质Ⅱ结合并抑制细胞壁的合成。例如，PlantaricinC 和 Mersacidin。这一类细菌素能够明显地降低 *Bacillus subtilis* 细胞壁的厚度以及影响与细胞壁相关肽聚糖的合成。这种抑菌方式可以被解释为该细菌素首先以分子对接形式与细胞壁作用，然后抑制细胞壁的生物合成，最终导致细胞的生长停止。

另外，还有一类双组分的细菌素，这类细菌素含有两个肽，协同发挥功能抑制革兰氏阳性菌的生长。这类细菌素通过提高细胞膜的渗透性，导致钾离子和磷酸盐离子外泄从而导致菌体死亡。例如，细菌素 Lacticin 3147 和 Haloduracin 等。Lacticin 3147 是这一类双组分细菌素中研究最深入系统的一个，Wiedemann 等的研究发现其发挥抑菌作用要经历三步：第一步，Lacticin 3147 的 A1 组分与细胞膜和脂质Ⅱ结合；第二步，结合到脂质Ⅱ后诱导形成一个 LtnA1，然后与 LtnA2 作用形成一个 2 个肽的脂质Ⅱ复合物；第三步，以 LtnA1-脂质Ⅱ复合物为基础，LtnA2 能够形成一个膜孔洞。双组分细菌素有未来发展成为抗生素的潜力，因为它具有高效的抗菌活性。但是，目前的研究还不清楚为什么抑制不同种类的细菌，肽 A1 和肽 A2 的协同作用不同。

三、植物乳杆菌及植物乳杆菌素

（一）植物乳杆菌

植物乳杆菌是乳杆菌属分布最广泛的一种，目前已经被广泛地应用到食品相关领域中。植物乳杆菌具有较强的耐酸性并且被认为是安全的微生物，同时它被认为是乳酸菌中最重要且用途最广泛的物种，广泛应用于淀粉类食物、谷物、肉类、乳制品、蔬菜、水果和饮料等。从这些食物中已经分离得到了许多不同的菌株，已经证明这些菌株是肠道菌群中的益生菌，能够穿过胃液的消化进入并定殖于人和其他哺乳动物的肠道内。有报道，植物乳杆菌具有发酵大多数碳水化合物的能力，因此可以适应各种生长环境。此外，传统食品加工领域中植物乳杆菌一直被作为食品发酵的起始发酵剂，也作为益生食品中重要的组成成分。例如，植物乳杆菌菌株 299v，已经在市场上被商业化应用。

（二）植物乳杆菌素

目前，已经分离获得了由不同的植物乳杆菌菌株产生的一系列不同的细菌素。表 1-1 展示了一些分离自不同发酵食品的植物乳杆菌菌株产生的细菌素，包括它们各自的生物化学特征和菌株分离来源等。具体的细节如下：

来源于肉类：已经从不同地方生产的香肠中分离到产生不同细菌素的植物乳杆菌菌株。Enan 等从干腊肠中分离获得一株产生抗菌物质的乳酸菌菌株（*L. plantarum* UG1），该菌株所产生的抗菌物质能够抑制其他的乳酸杆菌和乳酸球菌及一些致病菌，如单增李斯特菌、蜡样芽孢杆菌、产气荚膜梭菌和生孢梭菌。该菌株产的抗菌物质被命名为 Plantaricin UG1，它是一个分子质量在 3.0～10.0ku 之间的单链肽。此外，从意大利香肠中分离到一株产细菌素的乳酸菌，所产的细菌素被命名为 Plantaricin 35d（分子质量约为 4.5ku），对食源性致病菌（单增李斯特菌、嗜水单胞菌和金黄色葡萄球菌）具有很好的抑菌活性。Rekhif 等从发酵香肠中分离得到一株产生细菌素的植物乳杆菌（*L. plantarum* SA6），细菌素被命名为 PlantaricinSA6，是一个单链肽，分子质量大约为 3.4ku。

表 1-1 分离自不同环境的植物乳杆菌生产的细菌素

来源	菌株	细菌素	生化特征	参考文献
肉类	*L. plantarum* UG1	PlantaricinUG1	单肽链，分子质量在 3.0～10.0ku	Enan et al.（1996）
	L. plantarum 35d	Plantaricin35d	单链肽，分子质量 4.5ku	Messi et al.（2001）
	L. plantarum LT154	Plantaricin154	单链肽，分子质量 3.0ku	Kanatani and Oshimura（1994）
	L. plantarum SA6	PlantaricinSA6	单链肽，分子质量 3.4ku	Rekhif et al.（1995）
	L. plantarum ST202Ch ST216Ch	BacSt202Ch BacSt216Ch	单链肽，分子质量分别为 3.5 和 10ku	Todorov et al.（2010）
鱼类	*L. plantarum* PMU33	Plantaricin W	二肽（α 和 β 肽）分子质量分别为 3.2 和 3.0ku	Noonpakdee et al.（2009）
	L. plantarum BF001	Plantaricin F	单链肽，分子质量在 0.4～6.7ku	Fricourt et al.（1994）
水果蔬菜	*L. plantarum* ST28MS ST16MS	ST28MS ST16MS	单链肽，分子质量分别为 5.5 和 2.8ku	Todorov and Dicks（2004）
	L. plantarum C11	PlantaricinEF PlantaricinJK	二肽，分子质量未公布	Daeschel et al.（1990）
	L. plantarum LPC010	PlantaricinS PlantaricinT	二肽，PlantaricinS 分子质量 2.5ku，PlantaricinT 分子质量未公布	Díaz，Sánchez，Desmazeaud，Barba，and Piard（1993）
	L. plantarum ST16Pa	BactericinST16Pa	单链肽，分子质量 6.5ku	Todorov et al.（2011）
	L. plantarum 163	Plantaricin163	单链肽，分子质量 3.5ku	Hu et al.（2013）

（续）

来源	菌株	细菌素	生化特征	参考文献
乳品	*L. plantarum* AMK-K	BactericinAMA-K	单链肽，分子质量 2.9ku	Todorov，Nyati，Meincken，and Dicks（2007）
	L. plantarum WHE92	Pediocin AcH	单链肽，分子质量 4.5ku	Ennahar et al.（1996）
	L. plantarum LB-B1	Pediocin LB-B1	单链肽，分子质量在 2.5～6.5ku	Xie et al.（2011）
	L. plantarum ST8KF	BacST8KF	单链肽，分子质量 3.5ku	Powell et al.，2 007
谷物	*L. plantarum* ST13BR	BactericinST13BR	单链肽，分子质量 10.0ku	Todorov，Van Reenen，& Dicks，2004
	L. plantarum ST194BZ	ST194BZ(α) ST194BZ(β)	二肽（α 和 β 肽）分子质量分别为 3.3 和 14.0ku	Todorov and Dicks（2005）
	L. plantarum 423	Plantaricin423	单链肽，分子质量 3.5ku	Reenen et al.（1998）

鱼类来源：Noonpakdee 等从 Som-fak（一种低盐的鱼制品）中分离得到一株 *L. plantarum* PMU33，该菌株产的细菌素经过分离纯化后发现其由 2 个肽组成，分子质量分别为 3.2ku 和 3.0ku。这个二肽细菌素的分子质量与以前报道的一个二肽细菌素 plantaricinW 的分子质量非常接近，该细菌素能够抑制多种革兰氏阳性致病菌和食品腐败菌，如单增李斯特菌、蜡样芽孢杆菌、金黄色葡萄球菌和粪肠球菌。Fricourt 等从冷冻加工鲶鱼肉中分离得到一株 *L. plantarum* BF001，该菌株产的抗菌物质被命名为 Plantaricin F，是一个单链肽，分子质量在 0.4～6.7ku 之间。它对乳杆菌、乳球菌、李斯特菌、片球菌、葡萄球菌、微球菌、明串珠菌、链球菌、沙门氏菌和假单胞菌等具有很好的抑菌活性。

水果和蔬菜来源：从糖蜜中分离到不同的植物乳杆菌菌株分别产生两种细菌素 ST28MS 和 ST26MS，它们的分子质量分别为 5.5ku 和 2.8ku，具有与众不同的抑菌活性，主要抑制革兰氏阴性菌包括鲍曼不动杆菌、大肠杆菌和绿脓杆菌。分离自发酵黄瓜中的 *L. plantarum* C11 产多种细菌素。例如，plantaricin EF 和 plantaricin JK 等，他们都具有很好的抑菌活性。Diaz 等从发酵的青橄榄中分离得到一株 *L. plantarum* LPC010，产生两种细菌素，其中一个被鉴定是 Plantaricin S（2.5ku），在对数生长期时被合成；另一个细菌素 Plantaricin T（分子质量未确定），在生长到稳定期后才开始合成。Hu 等从中国传统发酵泡菜中分离得到一株产细菌素 Plantaricin163 的 *L. plantarum*163，该细菌素具有广谱的抑菌活性，不仅抑制乳酸菌，而且还抑制其他的革兰氏阳性菌和阴性菌包括金黄色葡萄球菌、单增李斯特菌、蜡样芽孢杆菌、藤黄微球菌、大肠杆菌、短小芽孢杆菌、嗜热链球菌、绿脓杆菌和荧光假单胞菌等，这表明其具有作为生物防腐剂应用到食品工业中的潜力。

乳制品来源：Todorov 等报道了一株分离自 Amasi（一种非

洲传统的发酵乳制品）的 *L. plantarum* AMK-K，其产生一种细菌素 Plantaricin AMK-K（2.9ku），对肠球菌属、李斯特菌属和肺炎克雷伯氏菌等具有很好的抑菌效果。Xie 等从中国传统乳制品 Koumiss 中分离得到一株 *L. plantarum* LB-B1，其产生一种细菌素 Pediocin LB-B1，对李斯特菌、乳杆菌、链球菌、肠杆菌和片球菌等具有很强的抑制作用。Powell 等从 Kefir 中分离的一株 *L. plantarum* ST8KF，产生一种细菌素 BacST8KF（2.1ku）对干酪乳杆菌、唾液乳杆菌、弯曲乳杆菌和英诺克李斯特菌等表现出很好的抑菌活性，其他的细菌素包括分离自中国传统发酵奶油 Jiaoke 中的 *L. plantarum* KLDS1.0391 产的细菌素 Plantaricin MG（2.1ku），对包括单增李斯特菌、金黄色葡萄球菌、大肠杆菌和鼠伤寒沙门氏菌在内的革兰氏阳性菌和革兰氏阴性菌具有较好的抑菌作用。分离自生山羊奶中的 *L. plantarum* LC74 产的细菌素 Plantaricin LC74（5ku）抑菌谱比较窄，仅对一些乳酸菌有抑制效果。例如，植物乳杆菌、短乳杆菌和布氏乳杆菌。

来源于谷物：Todorov 等从南非的全麦啤酒中分离得到一株 *L. plantarum* ST13BR 产细菌素 Bacteriocin ST13BR（10ku），这种细菌素对干酪乳杆菌、绿脓杆菌、粪肠球菌、肺炎克雷伯菌和大肠杆菌具有抑菌作用。同时他们又从 Boza（东部巴尔干国家的发酵饮料，用乳酸菌和酵母发酵谷物制成）中分离得到一株 *L. plantarum* ST194BZ，其产两种细菌素分别为 ST194BZα（3.3ku）和 ST194BZβ（14ku），它们对包括大肠杆菌、粪肠球菌、绿脓杆菌和阴沟肠杆菌在内的致病菌和腐败菌具有广谱的抑菌活力。Reenen 等从高粱啤酒分离得到一株 *L. plantarum* 423 产细菌素 Plantaricin 423，它具有广谱的抑菌效果，对蜡样芽孢杆菌、李斯特菌、生孢梭菌、葡萄球菌等具有较好的抑菌能力。此外，还有一些其他的细菌素也已经被报道，例如，分离自 fufu（一种发酵木薯食品）的 *L. plantarum* DK9 产一种细菌素 Plantaricin k，来源于发酵面团中的 *L. plantarum* ST31 产的细菌素 Plantaricin

ST31 以及分离自发酵玉米的 *L. plantarum* KW30 产的细菌素 Plantaricin KW30。

（三）植物乳杆菌细菌素的分离纯化

目前已经报道有多种不同的方法被应用于从发酵培养基中分离纯化植物乳杆菌产的细菌素。最常用的方法包括盐析、有机溶剂萃取、超滤、吸附—解吸、离子交换层析、凝胶过滤层析和高效液相色谱等。在表 1-2 中展示了一些纯化方法纯化后的活性及纯化的倍数。这些纯化方法都具有较好的纯化效果，在细菌素分离纯化中被广泛地应用。

表 1-2 植物乳杆菌产细菌素的纯化方法

细菌素	纯化步骤	比活性（AU/mg）	纯化倍数	参考文献
Plantaricin ZJ008	发酵上清液	14.9	1.0	Zhu et al.（2014）
	大孔树脂柱	37.5	2.5	
	离子交换层析	369.9	24.8	
	凝胶层析	838.7	56.2	
	HPLC	8 556.7	573.1	
Plantaricin C19	发酵上清液	455	1.0	Atrih et al.（2001）
	吸附—解吸	17 808	39.1	
	RP-HPLC	409 600	900.2	
Plantaricin MG	发酵上清液	0.37	1.0	Gong et al.（2010）
	硫酸铵沉淀	5.35	14.0	
	凝胶层析	44.64	20.0	
	RP-HPLC	9 333.33	25.2	
Plantaricin ASM1	发酵上清液	253	1.0	Hata et al.（2010）
	硫酸铵沉淀	1 850	7.3	
	离子交换层析	11 900	47.0	
	凝胶层析	20 700	81.8	
	HPLC	10 700	42.3	

（续）

细菌素	纯化步骤	比活性（AU/mg）	纯化倍数	参考文献
BacTN635	发酵上清液	2 083	1.0	Smaoui et al.（2010）
	硫酸铵沉淀	9 904	4.7	
	凝胶层析	146 104	70.1	
	RP-HPLC	197 368	94.7	

盐析：主要是在发酵上清液中加入无机盐，最常用的是硫酸铵，使蛋白类细菌素的溶解度降低从而从液体中析出，经超滤膜或者透析膜脱盐后可以用于下一步继续纯化。该方法的缺点是高浓度的盐溶液会导致部分细菌素活性的降低。Soumaya 等利用盐析的方法从 *Lactobacillus salivarius* SMXD51 的发酵液中对细菌素进行粗分离，取得了很好的效果，回收率为 1.36%。Ramakrishnan 等也利用硫酸铵沉淀粗分离 *Lactobacillus rhamnosus* L34 产的细菌素，得到了较好的分离效果。E Vera Pingitore 等利用该方法从乳酸菌发酵液中分离得到细菌素 Salivaricin CRL 1 328，效果显著。

有机溶剂萃取：主要是利用细菌素在互不相溶的或者微溶的发酵上清液和有机溶剂中溶解度的不同，从而使细菌素从发酵上清液中转移到有机溶剂中，然后将有机溶剂通过真空旋转浓缩除去，最后得到粗提的细菌素。Taylor 等利用甲醇和乙醇提取 Nisin 取得了较好的分离效果。Dong 等利用冷丙酮萃取 *Pediococcus acidilactici* WRL-1 产的片球菌素，在有机相中的细菌素活性达 95.2%。

超滤：主要是利用膜分离技术，通过选取合适的膜微孔孔径和截留分子质量范围柱材料进行选择性分离，从而将目标细菌素与其他不同分子质量的杂质分开，达到对细菌素分离的目的。陈琳等利用超滤膜从植物乳杆菌 KLDS1.039 发酵液中分离得到细菌素，纯化倍数可以达到8倍。超滤的缺点是超滤膜成本高，而且滤膜不易清洗且容易被样品堵塞和被微生物污染，因而降低膜的使用性能，增加使用成本。

细胞吸附—解吸法：主要是利用部分细菌素在特定的pH范围内能够吸附到微生物细胞表面，而之后重新调节到合适的pH后可以将它们完全的解吸下来，经过离心后除去微生物细胞，从而得到纯化的细菌素。Yang等利用细胞吸附—解吸法来分离纯化细菌素Nisin、SakacinA等，在pH 5～7时被吸附，然后在低于这个pH条件下被解吸，最终获得了很好的纯化效果。Atrih等也采用吸附—解吸法对细菌素Plantaricin C19进行了分离纯化，得到了理想的效果。虽然这种方法很简单、易行且高效无污染，但是有一些细菌素并不适合该方法，经过pH调节，它们并不能被吸附到微生物细胞上。

离子交换层析：由于乳酸菌产的细菌素一般都是带正电荷且携带有疏水残基，因此分离乳酸菌细菌素一般选用阳离子交换层析，最后选用NaCl进行不同浓度的梯度洗脱，从而将细菌素与其他物质分离。但是，该方法耗时较长，且样品回收率低。因此，后来研究开发了Sepharose Fast Flow阳离子交换吸附柱，它可以与蛋白纯化装置相连接，通过自动化控制大大地缩短了纯化的时间。Zhu等利用离子交换层析的方法，以0.15mol/L NaCl进行洗脱分离得到 *Lactobacillus plantarum* ZJ008产的细菌素Plantaricin ZJ008，纯化倍数达到24.8。

凝胶层析：凝胶层析主要根据待纯化物质的分子质量不同进行分离。凝胶层析的操作简便，分离效果好，分离条件比较温和，一般洗脱液都是选用常用的细胞缓冲液，缺点就是分离时间较慢，而且一旦物质的分子质量差异比较小的话就难以达到很好的分离效果。Hata等采用凝胶层析对 *Lactobacillus plantarum* A-1产的细菌素Plantaricin ASM1进行分离，纯化倍数达到20倍。Hu等结合Sephadex G25和Sephadex LH-20两种凝胶柱层

析分离 *Lactobacillus plantarum* 163 产的细菌素 Plantaricin 163，纯化得到的细菌素具有较高的抑菌活性。

目前关于细菌素纯化的研究非常多，一般纯化都包含几种方法的同时使用，然而，大部分纯化的最后一步都是使用高效液相色谱作为最终的纯化工具。一些研究在纯化的过程中使用反向高效液相色谱技术，它是由非极性固定相和极性流动相所组成的液相色谱体系，正好与由极性固定相和弱极性流动相所组成的液相色谱体系（正相色谱）相反，主要用于极性分子的洗脱。采用反向高效液相色谱技术纯化细菌素作为最后一步纯化可以减少前面纯化步骤使用，从而可以减少纯化过程的成本，因此反向液相色谱技术已经在细菌素纯化中得到了广泛的应用。

最近一种新的方法被提出并应用到大分子物质（包括细菌素）的纯化，这种方法是基于双水相胶束体系（ATPMS）的液液萃取。该方法能够被直接用于从发酵培养基中提取细菌素，这样可以大大地简化细菌素的纯化过程。

第二节　转录组学概述

一、转录组简介

转录组是一个细胞或者组织在一个特定的发展阶段或者生长条件下所有的转录和它们的转录数量的全部集合。转录组是解释基因组功能元件所必需的，同时还能够揭示细胞和组织的分子构成以及疾病的发生机制。目前已经有多种方法被用于推断和定量转录组，主要包括基于杂交的方法和基于测序的方法两大类。基于杂交的方法主要是将荧光标记的 cDNA 集成到定制的微矩阵芯片或者商业的高密度寡核苷酸微阵列芯片上。基于杂交的方法具有高通量且费用相对较低的优点，但是用于研究大基因组的高分辨率嵌合芯片除外。然而，这些方法也有一些限制性缺点，例如，必须依赖已知的基因组序列以及由于交叉杂交导致较高的背景值。

与芯片方法相比，基于测序的方法能够直接确定 cDNA 序列。早期，主要使用 Sanger 测序和 EST 数据库，但是这种方法的缺点是低通量、价格昂贵且一般不能定量。基于标签的测序方法的发展解决了这些缺点，包括基因表达系列分析技术(SAGE)、基因表达加冒分析技术（CAGE）和大规模平行测序技术（MPSS)。这些基于标签的测序方法具有高通量，能够快速精确地分析基因的表达水平。然而，这些方法大多数都是基于价钱昂贵的 Sanger 测序方法且不能够特异性绘制短标签的重要部分到参考基因组上。此外，只能分析转录的一部分，还不能够区分基因的不同亚型。这些不利条件限制了传统测序技术在转录组基因功能注释中的应用。

最近，已经发展了新的高通量 DNA 测序方法用于绘制和定量转录组。2008 年 6 月份，Nagalakshm 等和 Wilhel 等分别报道了利用 RNA-Seq 技术分析酿酒酵母、裂殖酵母转录组，这标志着 RNA-Seq 技术成功开始应用到科学研究。RNA-Seq 技术相对于已经存在的方法具有很多的优势，同时该技术被认为是真核转录组分析方法的一个革新。目前该技术已经应用到大鼠、人类细胞、粟酒裂殖酵母、酿酒酵母和拟南芥的研究领域。RNA-Seq 技术是目前最新发展的深度测序技术，虽然 RNA-Seq 还是一个正在发展中的技术，但是与其他的技术相比具有许多优势（表 1-3)。

表 1-3 RNA-Seq 技术与其他转录组学方法相比的优点

技术	嵌合芯片	cDNA 或 EST 测序 EST sequencing	RNA-Seq
原理	杂交	Sanger 测序	高通量测序
分辨率	从几个到 100bp	单碱基	单碱基
通量	高	低	高

（续）

技术	嵌合芯片	cDNA 或 EST 测序 EST sequencing	RNA-Seq
需要基因组序列	是	否	有些情况是
背景噪音	高	低	低
同时绘制转录区和基因表达	是	基因表达受限	是
定量基因表达水平动态范围	最高几百倍	没有实用性	大于 800 倍
区分不同亚型的能力	有限	是	是
区分等位基因的能力	有限	是	是
需要 RNA 的数量	高	高	低
绘制大基因组转录组的成本	高	高	低

综合以上所有的优点，RNA-Seq 技术是第一个基于测序的方法实现高通量和定量全转录组测序的技术。这种技术提供单碱基分辨率的注释和基因组规模的数字化基因表达水平，相对于之前的常用嵌合芯片和 Sanger EST 测序实验，通常它的实验成本要降低很多。

二、转录组学抑菌机制研究进展

由于转录组技术具有高通量从分子水平分析微生物体内基因的变化情况，近年来已逐渐地应用到抗菌物质对微生物的抑菌机制研究中。Maarten 等研究发现，经有机酸处理蜡样芽孢杆菌 ATCC14579 后，转录组分析结果表明，蜡样芽孢杆菌的氨基酸代谢、脂肪酸代谢及电子转移链等都发生变化，说明有机酸对菌体的生长造成了抑制作用。Mara 等研究了常见的消毒剂对蜡样芽孢杆菌 ATCC14579 转录组的影响，转录组分析结果表明，经过不同的消毒剂处理后蜡样芽孢杆菌的细胞膜破裂，而与脂肪酸代谢相关的基因被诱导，说明菌体想要合成更多的脂肪酸来修复破裂的细胞膜。另外，与DNA损伤修复相关的基因也发生明显的上调，说明经消毒剂处理后的菌体DNA受到破坏。硝酸银一般在医学上用于抗菌治疗，Malli等应用转录组学方法研究硝酸银对蜡样芽孢杆菌的抑菌机制，结果表明经硝酸银处理后，与菌体营养物质转运、DNA复制及膜蛋白相关的基因都发生上调，与细菌趋化作用相关的基因发生下调，说明菌体本身在提高抵御能力，而趋化能力下降说明菌体已经减弱了通过菌落聚集抵御外界不良环境的能力。虽然氯胺被广泛地应用于饮用水的消毒，但是关于它的抑菌作用方式却研究较少。Diane等研究了低浓度氯胺对大肠杆菌的抑菌机制，转录组实验结果表明与菌体DNA修复、生物膜形成、细胞壁修复及抗生素抗性的基因都被诱导。这些结果说明低浓度氯胺的处理激活了大肠杆菌的防御机制。多聚磷酸盐被美国食品和药品监督管理局列为食品添加剂用于防止食品的腐败，它能够对多数革兰氏阳性菌具有抑制作用。Ji-Hoi等研究了多聚磷酸盐对牙龈卟啉单胞菌的抑制机制，根据转录组的分析结果可知，经过多聚磷酸盐处理后，与菌体染色体复制、能量生产以及血红素吸收相关基因的表达都发生下调，说明多聚磷酸盐影响了牙龈卟啉单胞菌利用血红素的生长代谢。Bruk等应用转录组学方法研究了聚芳酰胺对大肠杆菌的抑菌机制，结果表明经过聚芳酰胺处理后与细胞膜相关的基因被诱导，且扫描电镜的结果表明菌体细胞膜被破坏，说明聚芳酰胺通过破坏细胞来杀死大肠杆菌。这与其他学者的研究结果一致，聚芳酰胺优先结合到细胞膜脂多糖部分，然后破坏细胞膜。目前C_{60}被应用于工程纳米材料，由于其具有抗菌性能，因此在包装领域具有广阔的应用前景。研究C_{60}对微生物的抑制机制将对其应用提供理论基础。Dawn等通过转录组学方法研究了C_{60}对鼠伤寒沙门氏菌TA100的抑菌效果，结果表明经C_{60}处理后，与菌体能量代谢、氨基酸合成、DNA代谢等相关的基因都发生上调，与蛋白质转运、结合等体系相关的基因的表达都发生下调。这些结果说明

C_{60}作用于鼠伤寒沙门氏菌 TA100 的细胞膜导致菌体生长受到抑制可能是因为与关键转运功能蛋白作用的结果。基于 TiO_2 的纳米复合膜具有优良的抗菌性能，因此将其用于包装领域具有很好的应用价值。但是，关于这种材料对微生物的抑制机制还不是很清楚，因此研究其抑菌机制对于应用具有重要意义。Anna 等研究了基于 TiO_2 的纳米复合膜对铜绿假单胞菌的抑菌机制，转录组分析结果表明经过处理后与细菌生长调控、呼吸代谢及细胞壁结构相关的基因都发生了下调，这些结果表明 TiO_2 的纳米复合膜通过抑制铜绿假单胞菌的生长代谢最终导致菌体死亡。通过转录组学方法可以在分子水平上解释抗菌物质对微生物的抑制机制，同时结合一些表观的抑菌研究可以更好地阐明抗菌物质的抑菌机制，为抗菌物质的进一步应用奠定坚实的理论基础。

三、食品中蜡样芽孢杆菌污染的研究进展

芽孢杆菌属是细菌中种类最多且研究最深入的属。早在 1835 年，人们就发现并命名了第一株芽孢杆菌，当时称为 *Vibrio subtilis*，也就是现在的芽孢杆菌（*Bacillus subtilis*），到目前为止，芽孢杆菌科已经发展了 13 个属，包括短芽孢杆菌属（*Brevibacillus*）、芽孢杆菌属（*Bacillus*）及芽孢乳杆菌属（*Sporolactobacillus Kitahara*）等。截至 2013 年，已经有 148 个芽孢杆菌属的转录组数据上传到 GEO 数据库中，如甲醇芽孢杆菌、炭疽芽孢杆菌、蜡样芽孢杆菌和枯草芽孢等。基于这些转录组数据可以深入地从分子水平上研究抗菌物质对芽孢杆菌生长的抑制机制。蜡样芽孢杆菌是空气、土壤环境中常见的革兰氏兼性厌氧型芽孢杆菌。蜡样芽孢杆菌是食品中最常见的致病菌之一，由于能够产生芽孢，一般的巴氏灭菌不能将其全部杀死，因此对食品的污染程度较高，几乎所有的食品（肉类、乳类、谷物类等）都能够被其污染，有许多关于误食蜡样芽孢杆菌污染的食

品从而导致食品中毒事件的发生。蜡样芽孢杆菌是导致食物中毒重要的食源性病菌，特别是免疫系统低下的人群更易受到伤害，蜡样芽孢杆菌产的肠毒素能够引起胃肠炎从而导致恶心、腹泻和呕吐。

虽然有很多已知的病原菌能够引起食源性疾病，但是蜡样芽孢杆菌已经被认为是主要引起食源性疾病爆发的细菌，它能够轻易地污染各种食物。因为经过巴氏灭菌和消毒并不能保证完全将其杀死。同时由于其具有蛋白水解、脂肪水解以及糖水解的能力，因此能够引起食品腐败和食物中毒。蜡样芽孢杆菌对食品加工一个潜在的危害主要是因为其能够生成耐热性的芽孢，在冰箱温度中存活及产生毒素等，牛奶和米饭是两个最常见的容易被蜡样芽孢杆菌污染的食物；此外，它也是导致蛋与蛋制品发生质量问题的主要微生物。

蜡样芽孢杆菌可以在经过热处理后的食品中存活。有研究报道，经过热处理的肉制品中有28%的样品依然可以检测到蜡样芽孢杆菌。Bolstad等报道，在挪威2人由于吃了即食扒鸡发生食物中毒事件，而这个即食扒鸡中的蜡样芽孢杆菌的数量达到了10 000个cfu/g。冰冻的肉制品依然可以受到芽孢杆菌的污染，Mira和Abuzied等从快餐店购买的冰冻鸡肉半成品经检测都含有蜡样芽孢杆菌。同样，Smith等分析了60个冰冻鸡肉制品，其中28个样品都检测到蜡样芽孢杆菌的存在。Kursun等发现36%的兔肉食品中都可以检测到芽孢杆菌的污染。

在乳品工业中，蜡样芽孢杆菌被认为是影响巴氏牛奶安全的主要因素，巴氏牛奶的蜡样芽孢杆菌污染主要是来自于原料奶和设备表面。Soegaard和Peterson等分析检测了来自于5个乳品厂的全脂牛奶、低脂牛奶、脱脂牛奶和冰淇淋样品，结果发现平均8.1%的乳制品可以检测到蜡样芽孢杆菌的污染。Ahmed等研究了美国不同零售商店的70个乳制品样本，分析结果发现35%的巴氏牛奶、14%的奶酪及48%的冰淇淋均可以检测到蜡样芽孢杆菌的存活。Carp-Carare 等报道了在 76.1%的乳粉检测样品都存在蜡样芽孢杆菌污染。Floristean 等发现 17.59%的牛奶和乳制品样品中检测到蜡样芽孢杆菌的活性，而 37.5%的乳粉样品中存在蜡样芽孢杆菌。Chitov 等的研究发现所有的巴氏牛奶样品中均检测到蜡样芽孢杆菌，活菌数 $50\sim1.7\times10^3$ cfu/g。在荷兰 48%的各种食品（包括牛奶、面粉、肉制品及焙烤食品等）中都能够检测到蜡样芽孢杆菌和枯草芽孢杆菌。Rahimi 报道，在伊朗 42%的婴儿食品中存在蜡样芽孢杆菌的污染。综上所述，在世界各地蜡样芽孢杆菌对食品造成的污染都比较严重。因此，需要研究抗菌物质对蜡样芽孢杆菌的抑菌机制，从而为更好地预防蜡样芽孢杆菌对食品造成的污染奠定理论基础。

第二章　产广谱抑制芽孢杆菌细菌素植物乳杆菌 JLA-9 分离筛选及鉴定

从数千年前人们就已经开始利用乳酸菌发酵生产米酒等食品，数千年的应用已经证明乳酸菌是安全无害的，而且对人体有益生保健作用，因此乳酸菌已经被国际上公认为是 GRAS (generally recognized as safe) 菌。乳酸菌作为一种益生菌已经应用到食品工业的各个领域，目前许多乳酸菌也已经用到了医疗保健方面。目前虽然有多种革兰氏阴性菌和革兰氏阳性菌具有产细菌素的能力。但是，由于乳酸菌被认为是安全的(GRAS)，而且大多数产细菌素的乳酸菌都分离自天然发酵食品中，因此乳酸菌产的细菌素更具有发展成为食品防腐剂的潜力。

吉林省东部地处东北长白山区，拥有中国北方最大的原始森林，因此蕴含着丰富的微生物资源。吉林的酸菜食品是东北地区特色食品，由于吉林地处亚寒带，冬季时间较长，寒冷的季节没有足够的新鲜蔬菜，发酵蔬菜就发展成了吉林的特色发酵食品。经过乳酸菌的发酵，这类食物能够长时间保持不变质。除了乳酸菌产生的酸类能够抑制一部分腐败菌的生长繁殖外，乳酸菌产的细菌素也起到了相当大的作用，因此适宜从这些食物中筛选出优良高效细菌素的乳酸菌。本研究旨在从吉林省发酵酸菜食品中筛选能够产广谱抑制芽孢杆菌细菌素的乳酸菌，并通过生理生化常规鉴定及分子生物学方法对目标菌株进行鉴定。

第一节　研究材料与方法概论

一、试验材料

（一）分离菌种来源

分离样品为吉林省农家自制发酵酸菜，分别采样于吉林省四平市 1 份、吉林省长春市 1 份、吉林省吉林市 2 份、吉林省舒兰市 2 份以及吉林省蛟河市 2 份，4℃采集后保存备用。

（二）主要试剂

细菌基因组提取试剂盒购自美国 OMEGA 公司；DNA 凝胶回收试剂盒、柱式质粒提取试剂盒购自 TaKaRa 生物公司；pMD19-T 连接试剂盒、Taq Mix 购自南京诺唯赞生物公司；DNA 标准分子量 Marker 购于南京金斯瑞公司；其他试剂均为市售分析纯。

（三）主要培养基

乳酸菌分离培养基（MRS 培养基）：牛肉膏 10g，蛋白胨 10g，乙酸钠 5g，磷酸氢二钾 2g，柠檬酸氢铵 2g，七水硫酸镁 0.58g，四水硫酸锰 0.25g，葡萄糖 20g，吐温-80 1mL，蒸馏水 1L，pH 6.2～6.4，115℃、20min 灭菌备用，固体培养基另加 1.5%～2%的琼脂。

指示菌培养基：LB 培养基：酵母粉 5g，蛋白胨 10g，氯化钠 5g，蒸馏水 1L，pH 7.0，121℃、20min 灭菌备用，固体培养基另加 1.5%～2%的琼脂；厌氧梭菌培养基：牛肉膏 10g，蛋白胨 5g，酵母粉 3g，葡萄糖 5g，淀粉 1g，氯化钠 5g，醋酸钠 3g，L-半胱氨酸盐酸盐 0.5g，蒸馏水 1L，pH 6.8，121℃、20min 灭菌备用，固体培养基另加 1.5%～2%的琼脂。

乳酸菌鉴定用培养基：乳酸菌菌株鉴定所用到的培养基包括 PYG 培养基、精氨酸产氨培养基、产硫化氢培养基等均参照凌代文《乳酸菌分类鉴定及试验方法》配制。

（四）指示菌

试验中所选用的抑菌活性检测指示菌：蜡样芽孢杆菌［*Bacillus cereus*（AS 1.1846）］、枯草芽孢杆菌［*Bacillus subtilis*（ATCC9943）］、凝结芽孢杆菌［*Bacillus coagulas*（CICC20138）］、巨大芽孢杆菌［*Bacillus megaterium*（CICC10448）］、短小芽孢杆菌［*Bacillus pumilus*（CICC63202）］、嗜热脂肪地芽孢杆菌［*Geobacillus stearothermophilus*（CICC20139）］、多黏类芽孢杆菌［*Paenibacillus polymyxa*（CGMCC4314）］、生孢梭菌［*Clostridium sporogenes*（CICC10385）］、产气荚膜梭菌［*Clostridium perfringenes*（CICC22949）］、艰难梭菌［*Clostridium difficile*（CICC22951）］。

（五）主要仪器

电子精密天平 AY120（北京，赛多利斯天平有限公司）；全自动高压灭菌锅 TOMY-SX-700（美国，Tomy 公司）；超净工作台 SW-CJ-IBU（苏州，苏净集团）；电热恒温培养箱（上海，森信实验仪器有限公司）；海尔冰箱 BCD-215YD（青岛，海尔集团）；高速离心机 5418（芬兰，Eppendorf 公司）；pH 计 Orion 3 STAR（美国，Thermo 公司）；鼓风干燥箱 GXZ-9 240 MBE（上海，博迅实业有限公司医疗设备厂）；冷冻干燥机（德国，Christ 公司）；光学显微镜 Eclipse 80i（日本，Nikon 公司）；多功能摇床 HYL-A（太仓，强乐实验仪器有限公司）；PCR 仪 PTC100TM（美国，Thermo 公司）；高电流电泳仪 PowPac^{TM} HC164-5052（美国，Bio-Rad 生命医学产品公司）；全自动数码凝胶成像分析仪 JS-380C（上海，培清科技有限公司）。

二、试验方法

（一）菌株获取

使用干净灭菌的镊子采集适量酸菜样品，并将其置于分灭菌自封袋中，标记采样日期、地点等，迅速置于4℃冰箱保存备用。

（二）酸菜样品中乳酸菌的分离

将适量的酸菜样品放入250mL盛有90mL无菌生理盐水和玻璃珠的锥形瓶中，37℃摇床振荡培养2h，使酸菜中的乳酸菌充分溶解到生理盐水中。然后分别从添加不同样品的三角瓶中取样品进行10倍的梯度稀释，最后取10^{-3}、10^{-4}、10^{-5}，稀释梯度各取0.1mL涂布到添加有0.3%碳酸钙的MRS固体培养基中，每个梯度涂布3个平板。倒置于37℃的培养箱中培养48h。之后选取具有明显钙溶圈的单菌落分别划线于固体MRS培养基平板上，培养24h后，进行过氧化氢酶测试及革兰氏染色，选取过氧化氢酶测试呈阴性，革兰氏染色阳性的单菌落，－70℃条件下保存备用。

（三）指示菌的准备与培养条件

指示细菌培养于营养琼脂培养基或厌氧梭菌液体培养基中，37℃培养12h；各指示菌在接种前，用无菌生理盐水调整菌体浓度至OD_{600nm}＝0.5。抗菌活性菌株的初筛选择蜡样芽孢杆菌、短小芽孢杆菌两种指示菌，复筛中指示菌包括巨大芽孢杆菌、枯草芽孢杆菌、凝结芽孢杆菌、嗜热脂肪地芽孢杆菌、多黏类芽孢杆菌、生孢梭菌、艰难梭菌及产气荚膜梭菌8种。

（四）产抑制芽孢杆菌活性物质菌株的初筛

产抑制芽孢杆菌活性物质菌株的初筛选用琼脂块抑菌法。将分离得到的乳酸菌分别划线于 MRS 固体培养基平板上，37℃培养 36h 后，使用灭菌打孔器在菌落边上打孔得到直径为 5mm 的琼脂块，然后将琼脂块摆放在混合了蜡样芽孢杆菌和短小芽孢杆菌的指示菌琼脂平板表面，于 37℃下培养 12～16h 后测定抑菌圈大小。

（五）产抑制芽孢杆菌活性物质菌株的复筛

将经初筛具有抑菌活性的菌株于 100mL MRS 液体培养基中，37℃条件下发酵 36h。90 000r/min 离心 30min 获得发酵上清液，上清液经 0.45μm 孔径的细菌滤器过滤，排除过氧化氢抑制和酸抑制后，采用琼脂孔扩散法，100mL 牛肉膏蛋白胨固体培养基中混入 1mL 指示菌培养液倒平板，利用直径为 5mm 的无菌打孔器在抑菌平板上打孔，然后吸取 50μL 过滤后的发酵上清液注入琼脂孔中，指示细菌于相应的培养条件下培养后，测定发酵液的抑菌活性（通过游标卡尺测量抑菌圈的直径，以抑菌圈直径表示发酵液的抑菌活性）。

（六）目标菌株的形态特征、培养特征及生理生化试验

对获得的活性菌株进行生理生化鉴定，具体方法参考《伯杰氏系统细菌学手册》和《乳酸细菌分类鉴定及实验方法》。

（七）基于 16SrDNA 基因的分子生物学鉴定

1. 目标菌株基因组 DNA 提取　将目标菌株以 1%的接种量接种于 MRS 培养基中，37℃过夜培养 12h 后，取 5mL 菌液 9 000r/min 离心 2min 后弃上清得菌体，利用 TE 缓冲液再离心洗涤两次后，利用 OMEGA 公司的细菌基因组提取试剂盒提取目标菌株的基因组。

2. 16SrDNA 基因的 PCR 扩增和序列测定　采用原核生物 16SrDNA 扩增的通用引物（由上海生工公司合成），正向引物：fD1 5’-AGAGTTTGATCCTGGCTCAG-3’；反向引物：rP1 5’-

GGTTACCTTGTTACG ACTT-3’。

PCR反应体系包括：10×PCR buffer，5μL；10mmol/L $MgCl_2$，3μL；2.0μmol/L dNTP，4μL；10μmol/L fD1，3μL；10μmol/L rP1，3μL；1.0μmol/L DNA模板，1μL，5 U/μL Taq™ DNA聚合酶（TaKaRa），1μL；ddH_2O，30μL；总反应体系一共是50μL。PCR扩增得到的目的片段连接到T载体转化大肠杆菌DH5α，然后挑取转化子送南京金斯瑞生物公司测序，将所得到的16S rDNA基因序列，www.ncbi.nlm.nlh.gov网站中使用BLASTN2.211［MAY-05-2005］在GenBank＋EMBL＋DDBJ＋PDB基因库中进行同源性搜索比对。

（八）系统发育树的绘制

将菌株的16S rDNA基因序列和GenBank上的同源序列在应用BLAST程序比对的基础上，通过Clustal X1.85软件比对后利用MEGA 5.05软件以Neighbor-joining method构建系统发育树，以Bootstrap程序分析，重复次数为1 000次。

（九）数据处理

试验数据处理采用SPSS20.0软件，所有试验重复3次，结果以平均值±表示，显著性分析采用Duncan检验。

第二节 产广谱抑制芽孢杆菌细菌素乳酸菌的分离、筛选与鉴定

一、产抑制芽孢杆菌活性物质菌株的筛选

以东北发酵酸菜为筛选样品一共获得产酸的革兰氏阳性菌株580株。采用琼脂块法初筛共获得49株对蜡样芽孢杆菌（AS1.1846）和短小芽孢杆菌（CMCC63202）具有较好抑菌活性的菌株。对这49

表 2-1　复筛测定抑菌活性菌株的抑菌效果

菌株	来源	抑菌圈直径（mm）									
		蜡样芽孢杆菌（*Bacillus cereus*）	短小芽孢杆菌（*Bacillus pumilus*）	枯草芽孢杆菌（*Bacillus sutilis*）	巨大芽孢杆菌（*Bacillus megaterium*）	生孢梭菌（*Clostridium sporogenes*）	艰难梭菌（*Clostridium difficile*）	产气荚膜梭菌（*Clostridium perfringens*）	凝结芽孢杆菌（*Bacillus coagulans*）	嗜热脂肪地芽孢杆菌（*Geobacillus stearothermophilus*）	多黏类芽孢杆菌（*Paenibacillus polymyxa*）
A9	酸菜	16.44±0.33	17.24±0.36	15.75±0.48	14.28±0.43	14.16±0.42	14.16±0.32	11.06±0.35	14.67±0.33	13.57±0.32	15.45±0.39
A19	酸菜	16.25±0.41	15.98±0.35	14.86±0.25	13.94±0.36	13.10±0.26	13.10±0.39	12.28±0.30	14.09±0.38	13.73±0.31	14.87±0.26
B36	酸菜	16.76±0.36	16.53±0.51	15.41±0.29	13.62±0.37	13.72±0.38	13.72±0.27	12.65±0.34	13.76±0.27	12.65±026	15.62±0.41
B53	酸菜	16.54±0.44	16.76±0.30	13.97±0.41	14.38±0.43	13.57±0.29	13.57±0.51	11.89±0.31	13.32±0.25	12.38±0.33	14.56±0.32
C47	酸菜	16.81±0.47	16.48±0.35	14.66±0.36	14.54±0.28	12.83±0.31	13.79±0.52	11.39±0.32	14.21±0.47	13.17±0.42	14.43±0.38

株抑菌活性较好的菌株进行复筛，采用三角瓶发酵琼脂孔扩散的方法进行复筛，排除酸和过氧化氢的影响，最终筛选出5株对枯草芽孢杆菌（ATCC9943）、凝结芽孢杆菌（CICC20138）、巨大芽孢杆菌（CICC10448）、嗜热脂肪地芽孢杆菌（CICC20139）、多黏类芽孢杆菌（CGMCC4314）、生孢梭菌（CICC10385）、产气荚膜梭菌（CICC22949）、艰难梭菌（CICC22951）抑菌效果较好的菌株，菌株编号分别为JLA-9、JLA-19、JLA-53、JLB-36、JLC-47，见表2-1。

其中编号为JLA-9的菌株分离自吉林省蛟河市的农家自制酸菜，比较5株菌中JLA-9具有最好的抑菌活性，因此本试验选取该菌株继续下一步试验。

二、菌株JLA-9的形态特征及生理生化鉴定

（一）菌体的形态特征

菌株JLA-9在MRS固体培养基上培养24h后菌落圆润，边缘整齐无锯齿状，呈乳白色，表面光滑不透明，具有乳酸菌典型的生长特征，见图2-1（A）。革兰氏染色后显微镜下观察菌体呈紫色，说明该菌是革兰氏阳性菌，菌体形状呈短杆状、无鞭毛和芽孢，见图2-1（B）。

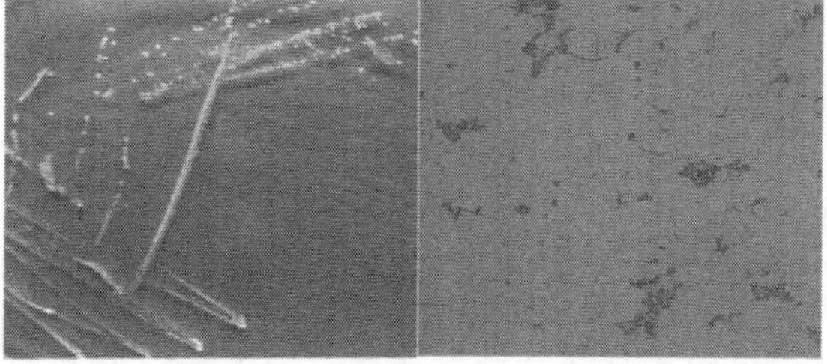

（A）　　　　（B）

图2-1　菌株JLA-9的形态特征

（A）菌落形态图　（B）革兰氏染色图

（二）菌株 JLA-9 的生理生化特征

菌株革兰氏染色呈阳性；接触酶试验呈阴性；不能够发酵葡萄糖产气；不能够液化明胶；不能还原硝酸盐；不能水解精氨酸产氨；能发酵利用阿拉伯糖、七叶苷、果糖、葡萄糖、乳糖、甘露糖、甘露醇、山梨醇、松三糖、蜜二糖、棉籽糖、水杨苷、蔗糖、海藻糖、木糖、菊糖、麦芽糖，但是不能利用鼠李糖（表 2-2）。

表 2-2　生理生化鉴定结果

特征	结果	特征	结果
葡萄糖产气	-	甘露醇	+
明胶液化	-	山梨醇	+
硝酸盐还原	-	松三糖	+
接触酶试验	-	蜜二糖	+
精氨酸水解	-	棉籽糖	+
阿拉伯糖	+	鼠李糖	-
纤维二塘	+	水杨苷	+
七叶苷	+	蔗糖	+
果糖	+	海藻糖	+
葡萄糖	+	木糖	+
乳糖	+	菊糖	+
甘露糖	+	麦芽糖	+

根据以上的形态特征及生理生化特征，并参照凌代文的《乳酸菌分类鉴定及试验方法》，初步鉴定菌株 JLA-9 为植物乳杆菌。

三、菌株 JLA-9 基于 16S rDNA 基因的分子生物学鉴定

（一）菌株 JLA-9 基因组提取及 PCR 产物扩增

利用 OMEGA 细菌基因组提取试剂盒提取菌株 JLA-9 的基因组 DNA，电泳检测结果见图 2-2（A）。

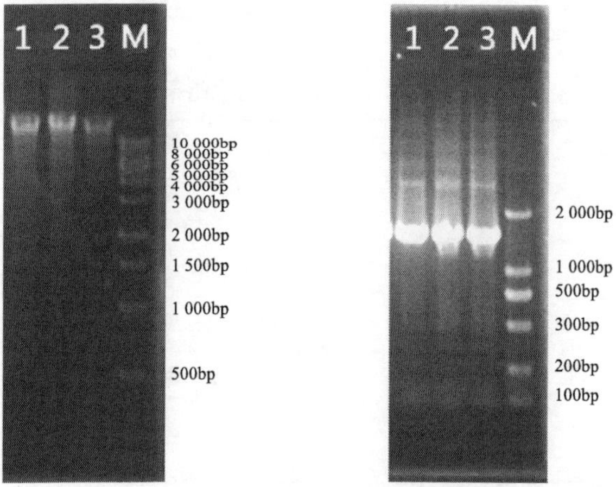

（A）　　　　（B）

图 2-2　菌株 JLA-9 基因组 DNA 和 16SrDNA 的 PCR 扩增电泳图

M. DNA 标准分子质量　（A）1、2、3. 基因组 DNA　（B）1、2、3. 16S rDNA

（二）菌株 JLA-9 的 16SrDNA 扩增结果

以菌株 JLA-9 的基因组作为扩增模板，利用细菌 16SrDNA 扩增通用引物扩增得到约为 1.6kbp 的扩增产物，扩增产物的电泳检测结果见图 2-2（B）。将扩增产物回收后，送南京金斯瑞生物公司测序，得到 1 541bp 个碱基序列，此序列已经在 GenBank 上登录，登录号为 KP406154。

（三）Blast 同源性比较结果

将菌株 JLA-9 的 16SrDNA 基因序列在 www. ncbi. nlm. nlh. gov 网站中使用 BLASTN2. 211［MAY-05-2005］在 GenBank＋EMBL＋DDBJ＋PDB 基因库中进行同源性搜索，将结果中相似性最高的前 11 个菌株的进行比较后，结果发现与菌株 JLA-9 相似度最高前 2 株菌均为植物乳杆菌（*Lactobacillus Plantarum*），而且相似性均达到 100%。因此，结合生理生化试验以及 16S rDNA 同源性比较结果可以确定该菌株为植物乳杆菌。

（四）系统发育树的构建

将 Genbank 中选取的菌株 16SrDNA 基因序列与菌株 JLA-9 的序列利用 MEGA 5. 05 软件以 Neighbor-joining method 构建系统发育树，结果见图 2-3。

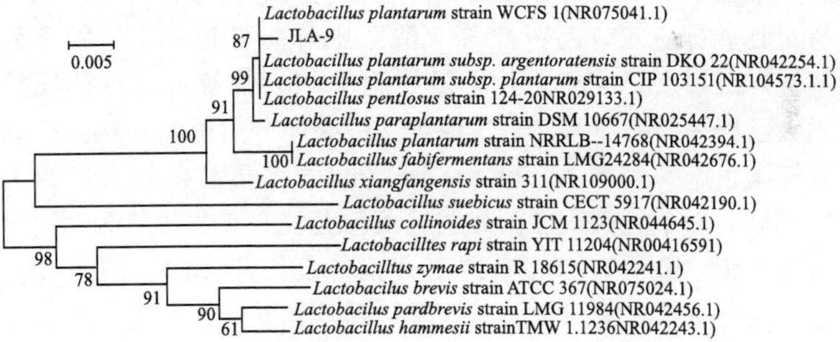

图 2-3　基于 16SrDNA 基因序列的植物乳杆菌 JLA-9 菌株的系统发育树

所有菌株均为乳酸菌，分支节点的数值代表在 1 000 重复数据的 bootstrap 值，线段 0. 005 代表序列的差异度

在系统发育树中，菌株 JLA-9 与植物乳杆菌在同一分支。由此进一步证明该菌株为植物乳杆菌（*Lactobacillus plantarum*）。

第三节　结果与讨论

近年来研究发现，一些乳酸菌特别是生存在特殊生态小环境（农家干酪、农家泡菜及发酵酸鱼等）的乳酸菌能产生具有广谱抑菌活性的细菌素，不仅能抑制革兰氏阳性细菌的生长繁殖，而且对造成食品腐败变质的革兰氏阴性细菌、酵母、霉菌，甚至某些病毒也有明显的抑制或杀死作用。发酵食物是筛选植物乳杆菌的一个优良资源，已经有许多产细菌素的乳酸菌被分离，例如，*L. plantarum* C19 、*L. plantarum* LPCO10、*L. plantarum* ZJ008、*L. plantarum* 163、*L. plantarum* A-1 和 *L. plantarum* ZJ5。但是，还有许多特殊环境中生长的优良乳酸菌细菌素还没有被筛选获得。

目前，已经有相当数量的学者对东北酸菜产细菌素的乳酸菌做了一定的研究。牛爱地等从酸菜中分离得到一株乳杆菌，所产细菌素对革兰氏阳性菌和阴性菌均具有抑菌作用，但是没有对其进行鉴定。葛菁萍等从酸菜中分离得到一株植物乳杆菌，产细菌素 Paracin，分子量约为 11ku，能够抑制沙门氏菌和大肠杆菌等病原菌。易华西等从酸菜中分离得到一株副干酪乳杆菌，产一种名为 Enterocin E-760 的细菌素，分子量约为 6.56ku，对革兰氏阳性菌和阴性菌均有较广谱的抑菌活性。但目前为止，还没有产广谱抑制芽孢杆菌细菌素的乳酸菌被报道，因此从东北酸菜食品中分离得到具有开发潜力的乳酸菌菌株和细菌素将成为一种可能。本试验从东北酸菜中筛选获得的植物乳杆菌 JLA-9 能够广谱地抑制食品中常见的腐败性及致病性芽孢杆菌。因此，它可以用于食品的发酵从而延长食品的货架期，在食品工业中具有广阔的应用前景。

随着分子生物学技术的不断发展，利用 16S rDNA 基因序列对微生物进行种属鉴定已经得到了越来越广泛地应用。16S rDNA 在原核微生物中是一段高度保守的系列，序列长度一般在 1 500bp 左右，其既含有保守序列，又含有可变序列，能够保证足量的信息，也便于扩增和测序，因此 16S rDNA 分析是目前最常用的原核微生物种属鉴定方法。Masahiko 等研究发现，利用 16S rDNA 序列与生理生化鉴定结果一致，且其更为有效和准确。本试验首先用生理生化的方法对菌株进行了初步鉴定，然后再采用基于 16S rDNA 基因的分子生物学方法对菌株进一步进行鉴定，最后目标菌株为植物乳杆菌。因为目前有许多近缘的菌株依靠生理生化试验难以进行鉴定，且试验耗时较长。例如，植物乳杆菌和戊糖乳杆菌的生理生化特征基本上是一样的，所以很难区分。因此，选用传统生理生化鉴定的方法与分子生物学方法结合使用，能够更快更准确地对菌株进行鉴定。

第三章　植物乳杆菌 JLA-9 产细菌素 Plantaricin JLA-9 分离纯化、结构鉴定及性质研究

植物乳杆菌是乳杆菌属分布最广的一种，目前已经被广泛地应用到食品相关领域中。由于植物乳杆菌具有发酵大多数碳水化合物的能力，其可以适应各种环境。例如，在谷物、肉类、乳制品、蔬菜及水果制品中均分离得到了许多不同的植物乳杆菌菌株。并且许多植物乳杆菌能够产生细菌素，且细菌素具有热稳定性高、耐酸、抑菌谱广以及能够被蛋白酶降解等优点，已经成为食品行业生物防腐剂开发的一个热门方向。目前从发酵食品已经获得多种植物乳杆菌产的细菌素，例如，Plantaricin 163、Plantaricin A-1、Plantaricin 35d、Bacteriocin AMA-K、Plantaricin MG 以及 Plantaricin ZJ5 等。植物乳杆菌产的细菌素，有的抑菌谱较广，对革兰氏阳性菌和阴性菌都具有抑制效果，如 Plantaricin 163 对食品中常见的大肠杆菌、金黄色葡萄球菌、蜡样芽孢杆菌等均具有较好的抑菌作用；但有的细菌素抑菌谱却很窄，仅仅抑制少数种类的细菌，例如，细菌素 Plantaricin LC74 产于由山羊奶中分离获得的 *Lactobacillus plantarum* LC74，仅仅能够抑制植物乳杆菌、短乳杆菌和布氏乳杆菌。虽然现在已经研究报道了许多乳酸菌产的细菌素，但是还没有关于乳酸菌产广谱抑制芽孢杆菌的细菌素被报道。因此，更多的新型细菌素可以被开发应用到食品工业中。第二章的研究中，研究发现 *Lactobacillus plantarum* JLA-9 的发酵上清液对芽孢类细菌具有较好的抑制作用。因此，本研究初步判定其可能产对芽孢类细菌具有较好抑菌作用的细菌素，需要对其进一步研究。

本章主要选用有机溶剂萃取、凝胶柱层析、反向高效液相色谱等分离纯化手段对 *Lactobacillus plantarum* JLA-9 产的细菌素 Plantaricin JLA-9 进行分离纯化，应用 MALDI-TOF-MS 质谱和 N-端氨基酸测序的方法对细菌素 Plantaricin JLA-9 的结构进行鉴定并对其生物学特性进行了研究。

第一节　研究材料与方法概述

一、试验材料

（一）菌种

供试菌种：植物乳杆菌 JLA-9，分离自吉林省蛟河市农家自制发酵酸菜，现已保存于中国普通微生物菌种保藏管理中心（CGMCC NO. 10 686）。

指示菌：蜡样芽孢杆菌［*Bacillus cereus*（AS1. 1846）］、短小芽孢杆菌［*Bacillus pumilus*（CMCC63202）］、巨大芽孢杆菌［*Bacillus megaterium*（CICC10448）］、凝结芽孢杆菌［*Bacillus coagulans*（CICC20138）］、枯草芽孢杆菌［*Bacillus subtilis*（ATCC9943）］、嗜热脂肪地芽孢杆菌［*Geobacillus stearothermophilus*（CICC20139）］、酸土脂环酸芽孢杆菌［*Alicyclobacillus acidoterrestris*（CICC10374）］、多黏类芽孢杆菌［*Paenibacillus polymyxa*（CGMCC4314）］、艰难梭菌［*Clostridium difficile*（CICC22951）］、产气荚膜梭菌［*Clostridium perfringens*（CICC22949）］、生孢梭菌［*Clostridium sporogenes*（CICC10385）］、金黄色葡萄球菌［*Staphylococcus aureus*（CMCC26003）］、藤黄微球菌［*Micrococcus luteus*（CMCC28000）］、荧光假单胞菌［*Pseudomonas fluorescens*（AS1. 1802）］、粘滞沙雷氏菌［*Serratia marcescens*（CICC10187）］、大肠杆菌［*Escherichia coil*（ATCC 25922）］、肠炎沙门氏菌［*Salmonella enteritidis*（CICC21957）］、鼠伤寒沙门

氏菌［*Salmonella typhimurium*（CMCC51005）］、甲型副伤寒沙门氏菌［*Salmonella paratyphi A*（CICC21501）］、乙型副伤寒沙门氏菌［*Salmonella paratyphi B*（CICC21495）］、志贺氏菌［*Shigella flexneri*（CICC10187）］、奇异变形杆菌［*Proteus mirabilis*（CMCC49005）］。

（二）主要试剂

Sephadex LH-20（Phamarcia 公司），Sephadex G-25（Phamarcia 公司），乙腈、三氟乙酸（TFA）、甲醇均为色谱级购自 Tedia 公司；其他试剂均为分析纯。

（三）培养基

乳酸菌分离培养基（MRS 培养基）：牛肉膏 10g，蛋白胨 10g，乙酸钠 5g，磷酸氢二钾 2g，柠檬酸氢铵 2g，七水硫酸镁 0.58g，四水硫酸锰 0.25g，葡萄糖 20g，吐温-80 1mL，蒸馏水 1L，pH 6.2～6.4，115℃、20min 灭菌备用，固体培养基另加 1.5%～2%的琼脂。

指示菌培养基：LB 培养基：酵母粉 5g，蛋白胨 10g，氯化钠 5g，蒸馏水 1L，pH 7.0，121℃、20min 灭菌备用，固体培养基另加 1.5%～2%的琼脂；厌氧梭菌培养基：牛肉膏 10g，蛋白胨 5g，酵母粉 3g，葡萄糖 5g，淀粉 1g，氯化钠 5g，醋酸钠 3g，L-半胱氨酸盐酸盐 0.5g，蒸馏水 1L，pH 6.8，121℃、20min 灭菌备用，固体培养基另加 1.5%～2%的琼脂。

乳酸菌鉴定用培养基：乳酸菌菌株鉴定所用到的培养基包括 PYG 培养基、精氨酸产氨培养基、产硫化氢培养基等均参照凌代文《乳酸菌分类鉴定及试验方法》配制。

（四）主要仪器

电子精密天平 AY120（北京，赛多利斯天平有限公司）；全自动高压灭菌锅 TOMY-SX-700（美国，Tomy 公司）；超净工作台 SW-CJ-IBU（苏州，苏净集团）；电热恒温培养箱（上海，森信实验仪器有限公司）；海尔冰箱 BCD-215YD（青岛，海尔集团）；高速离心机 5418（芬兰，Eppendorf 公司）；pH 计 Orion 3 STAR（美国，Thermo 公司）；鼓风干燥箱 GXZ-9 240 MBE（上海，博迅实业有限公司医疗设备厂）；冷冻干燥机（德国，Christ 公司）；光学显微镜 Eclipse 80i（日本，Nikon 公司）；多功能摇床 HYL-A（太仓，强乐实验仪器有限公司）；旋转蒸发仪（德国，Heidolph 公司）；分光光度计 UV-2450（日本，Shimadzu 公司）；高效液相色谱 Agilent 1 100series，（美国，Agilent 公司）；基质辅助激光解吸电离飞行时间质谱（德国，Bruker 公司）；全自动蛋白测序仪 PPSQ-33A（日本，Shimadzu 公司）；电脑自动部分收集器 DBS-100（上海，沪西分析仪器公司）。

二、试验方法

（一）植物乳杆菌 JLA-9 生长曲线及抑菌活性曲线测定

将活化好的植物乳杆菌 JLA-9 菌株以 1%接种量接种于 MRS 液体发酵培养基中，37℃静止培养，每隔 2h 取样一次，分别测定 pH、OD_{600} 和上清液抑菌活性的变化。抑菌活性检测选用琼脂孔扩散法，选用蜡样芽孢杆菌（AS1. 1846）作为抑菌检测的指示菌。

（二）植物乳杆菌 JLA-9 发酵样品的制备

1. 植物乳杆菌 JLA-9 种子液的制备　将植物乳杆菌 JLA-9 在试管斜面 MRS 琼脂培养基上活化后接种于 MRS 液体培养基，培养至对数生长期，制成浓度为 10^7～10^8 cfu/mL 的种子液。

2. 植物乳杆菌 JLA-9 产细菌素的发酵　将植物乳杆菌 JLA-9 种子液以 1%浓度接种于 MRS 发酵培养基中，37℃静止培养

36h，得到细菌素发酵液。

（三）细菌素的粗提取

将植物乳杆菌的发酵液离心，除去菌体后分别选用有机溶剂萃取和硫酸铵沉淀的方法对发酵上清液中的抑菌活性物质进行萃取。

有机溶剂萃取：将发酵上清液采用正丁醇、正己烷、乙酸乙酯振荡抽提 2h 后，将抽提物经过浓缩后获得细菌素粗提物。

硫酸铵沉淀：将发酵上清液添加粉末硫酸铵至饱和度 60％、70％、80％、90％，4℃条件下搅拌过夜后，9 000r/min 离心 10min 收集沉淀，即为获得的细菌素粗提物。

（四）细菌素粗提物的分离纯化

Sephadex LH-20 纯化：将细菌素粗提物上样于 Sephadex LH-20 柱表面，采用色谱甲醇和纯水 80％体积比进行洗脱，利用自动收集器收集组分。以蜡样芽孢杆菌作为指示菌，通过检测抑菌活性，得到一个活性洗脱峰。

Sephadex G-25 纯化：将经过 Sephadex LH-20 纯化得到的活性组分上样于 Sephadex G-25，采用蒸馏水进行洗脱，自动收集器收集活性组分。以蜡样芽孢杆菌作为指示菌，检测抑菌活性，得到一个活性洗脱峰。

抑菌活性组分全波长扫描：将所得抑菌活性组分用 UV-2450 紫外分光光度计于 190～990nm 波长范围内进行扫描，检测其最大吸收峰处波长选作为 HPLC 的检测波长。

HPLC 纯化：将经过 Sephadex G-25 纯化得到的活性组分经浓缩后采用 RP-C18 柱进行分离纯化，纯化条件：洗脱液为含 0.1％体积的三氟乙酸的水和乙腈溶液，Time：50min，95％体积的水＋5％体积的乙腈等浓度洗脱；流速：0.3mL/min；检测波长：259nm。

（五）细菌素 Plantaricin JLA-9 的结构鉴定

基质辅助激光解吸电离飞行时间质谱（MALDI-TOF-MS）鉴定：采用 MALDI-TOF-MS 对 RP-HPLC 最终纯化得到的单一活性峰进行分子量和结构分析，仪器为德国 BRUKER 公司的 Re Flex TM MALDI-TOF 质谱仪；质谱基质为 α-氰基-4-羟基肉桂酸；质谱条件：波长 355nm 的 Nd YAG 激光器，加速电压 20 kV，激光强度 4 100，正离子谱检测，线性高分子模式。

细菌素 Plantaricin JLA-9 N-端测序分析：将 RP-HPLC 纯化获取的样品经冻干后，送至上海中科新生命生物科技有限公司进行 N-端测序分析，测序仪器为 PPSQ-33A 全自动蛋白测序仪。将固体样品加入适量的超纯水漩涡振荡充分溶解。然后在 Prosorb 设备的 PVDF 膜上滴加 40μL 的甲醇，再加入 40μL 的 0.1% TFA 溶液和待测样品。最后将 Prosorb 设备置入 50℃的干燥箱中烘干，用 PorsorbTM punch 切下 PVDF 膜，上样品到 PPSQ-33A 全自动蛋白测序仪分析测定。

（六）细菌素 Plantaricin JLA-9 抑菌谱测定

采用经 Sephadex LH-20 部分纯化获得的细菌素活性组分，利用琼脂孔扩散法测定细菌素 Plantaricin JLA-9 的抑菌谱。指示菌株包括：*Bacillus cereus*（AS1.1846）、*Bacillus pumilus*（CMCC63202）、*Bacillus megaterium*（CICC10448）、*Bacillus coagulans*（CICC20138）、*Bacillus subtilis*（ATCC9943）、*Geobacillus stearothermophilus*（CICC20139）、*Alicyclobacillus acidoterrestris*（CICC10374）、*Paenibacillus polymyxa*（CGMCC4314）、*Clostridium difficile*（CICC22951）、*Clostridium perfringens*（CICC22949）、*Clostridium sporogenes*（CICC10385）、*Staphylococcus aureus*（CMCC26003）、*Micrococcus luteus*（CMCC28000）、*Pseudomonas fluorescens*（AS1.1802）、*Serratia marcescens*（CICC10187）、*Escherichia coil*（ATCC25922）、*Salmonella enteritidis*（CICC21957）、*Salmonella typhimurium*（CMCC51005）、*Salmonella paratyphi A*（CICC21501）、*Salmonella paratyphi B*（CICC21495）、*Shigella flexneri*（CICC10187）、*Proteus mirabilis*（CMCC49005）。

（七）细菌素 Plantaricin JLA-9 的性质研究

将经 Sephadex LH-20 分离纯化得到的活性峰用来测定细菌素的性质。

细菌素 Plantaricin JLA-9 的热稳定性研究：将纯化得到的细菌素分别取 1mL 加到小离心管中，分别在 60℃，10min；60℃，30min；80℃，10min；80℃，30min；100℃，10min；100℃，30min；121℃，20min 的条件下处理，用冰浴冷却至室温后以蜡样芽孢杆菌为指示菌进行抑菌试验，以未经处理的样品为对照。

细菌素 Plantaricin JLA-9 的 pH 稳定性研究：将纯化的细菌素分别取 1mL 加到小离心管中，分别将其 pH 调节至 2、3、4、5、6、7、8、9、10，37℃水浴 3h，然后用 0.1mol/L 的 NaOH 或 HCl 将 pH 调节回 pH4，以蜡样芽孢杆菌作为指示菌进行抑菌试验测定其抑菌活性，以未经处理的样品作为对照。

细菌素 Plantaricin JLA-9 的蛋白酶稳定性研究：分别配置胃蛋白酶、碱性蛋白酶、木瓜蛋白酶、胰凝乳蛋白酶各酶溶液的浓度为 5mg/mL，取 0.1mL 酶溶液分别加入 0.4mL 纯化后的细菌素，调节至各个酶的最适合 pH（胃蛋白酶 2、碱性蛋白酶 9.5、木瓜蛋白酶 6.5、胰凝乳蛋白酶 7.5），摇匀，37℃水浴处理 3h 后，以 0.1mol/L 的 NaOH 调节 pH4，然后分别测定其对蜡样芽孢杆菌的抑菌活性，以未加蛋白酶处理的样品为对照。

（八）数据处理

试验数据处理采用 SPSS20.0 软件，所有试验重复 3 次，结果以平均值±表示，显著性分析采用 Duncan 检验。

第二节 植物乳杆菌产细菌系的分离纯化、结构鉴定研究

一、植物乳杆菌 JLA-9 生长曲线及抑菌活性曲线测定

植物乳杆菌 JLA-9 在 MRS 培养基中 37℃、培养 48h 的生长曲线和抑菌活性曲线见图 3-1。由图 3-1 可知，在从延滞期到衰亡期 pH 6.0 降到 3.6，说明植物乳杆菌 JLA-9 发酵过程中不断地产酸，到达稳定期后产酸基本保持不变。*Lactobacillus plantarum* JLA-9 在对数期前期开始产抑菌活性物质，到稳定期后期时候产量达到最高，大约在发酵 30h。与 *Lactobacillus plantarum* LB-B1 发酵到 14h 开始产细菌素 pediocin LB-B1 比较，*Lactobacillus plantarum* JLA-9 抑菌活性物质相对滞后一些，但是

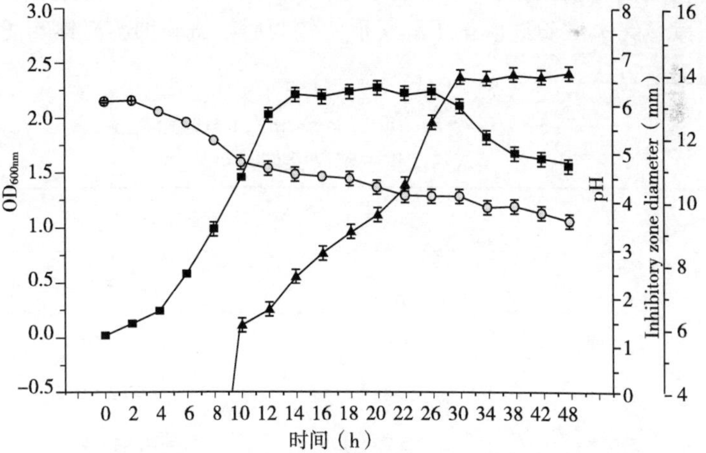

图 3-1 植物乳杆菌 JLA-9 37℃培养的生长曲线及抑菌活性曲线

600nm 下的菌体 OD 值（■），抑菌活性（▲），

pH 变化（○）指示菌为蜡样芽孢杆菌 AS 1.1846

在之后的18h内，抑菌活性物质的活性保持相对稳定。这些结果表明，*Lactobacillus plantarum* JLA-9产的抑菌活性物质与其他乳酸菌细菌素具有相似的发酵特征。

二、抑菌活性组分粗分离条件选择

本试验中分别选取了几种不同的有机溶剂萃取法及饱和硫酸铵沉淀法对抑菌活性组分进行粗分离，分别选用正丁醇、正己烷、乙酸乙酯及不同饱和度的硫酸铵对活性组分进行分离，结果见表3-1和表3-2。由表3-1可以看出，在正丁醇、正己烷、乙酸乙酯这三种有机溶剂中正丁醇的萃取效果最好，水相中仅有很少的抑菌活性物质残留，而其他两种水相中残留的抑菌活性物质相对较多。由表3-2中可以看出，在硫酸铵沉淀试验中，90%饱和硫酸铵沉淀的效果相对较好，但是其上清液中仍有部分抑菌活性物质没有被沉淀下来，且其效果也没有正丁醇萃取的效果好，所以最终本试验选取正丁醇萃取法作为后续试验抑菌活性物质的粗提取方法。

表3-1 *Lactobacillus. plantarum* JLA-9发酵上清液有机溶剂萃取后抑菌活性

处理	蜡样芽孢杆菌抑菌活性（mm）	
	有机相	水相
正丁醇	15.28±0.21	7.18±0.15
正己烷	11.54±0.33	10.62±0.23
乙酸乙酯	12.75±0.12	9.46±0.18

表 3-2 *Lactobacillus. plantarum* JLA-9 发酵上清液硫酸铵沉淀后抑菌活性

处理	蜡样芽孢杆菌抑菌活性（mm）	
	沉淀	上清液
60%饱和硫酸铵沉淀	8.28±0.19	13.56±0.27
70%饱和硫酸铵沉淀	9.54±0.27	12.78±0.13
80%饱和硫酸铵沉淀	11.12±0.23	10.98±0.12
90%饱和硫酸铵沉淀	12.35±0.16	9.82±0.31

三、抑菌活性组分凝胶层析纯化

经过正丁醇萃取得到的细菌素粗提样品，首先采用 Sephadex LH-20 凝胶层析进行纯化，以蜡样芽孢杆菌（AS. 1. 1846）作为抑菌指示菌，通过琼脂孔扩散法对收集的样品进行检测，结果见图 3-2。由图 3-2 可以看出，在收集管中的第 36～49 管之间得到一个抑菌活性洗脱峰，将其收集浓缩后再应用 Sephadex

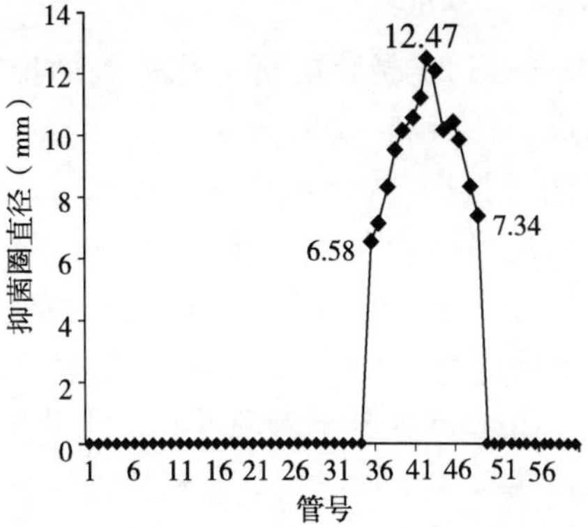

图 3-2 Sephadex LH-20 洗脱曲线

G-25 进行凝胶层析纯化，以蜡样芽孢杆菌（AS. 1. 1846）作为抑菌指示菌，通过琼脂孔扩散法对收集的样品进行检测，结果见图 3-3。由图 3-3 可以看出，在第 16～24 管之间得到一个抑菌活性洗脱峰，将其收集浓缩后用于下一步全波长扫描。

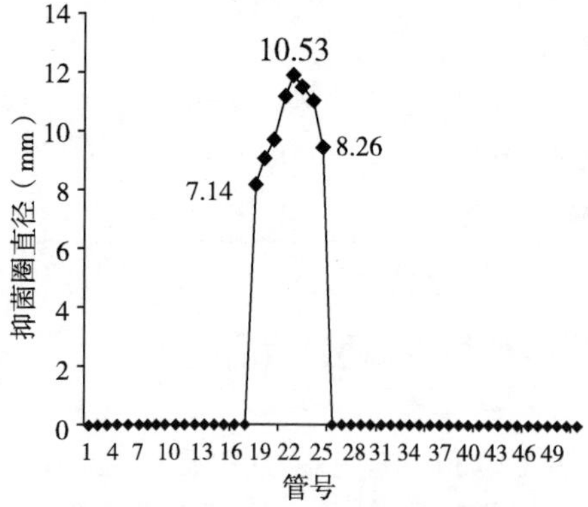

图 3-3　Sephadex G-25 洗脱曲线

四、抑菌活性物质的全波长扫描

将经 Sephadex G-25 凝胶层析纯化得到的抑菌活性洗脱峰进行全波长扫描，*Lactobacillus. plantarum* JLA-9 抑菌活性组分的全波长扫描结果见图 3-4。由图 3-4 可知，该抑菌活性组分有两个强度较高的吸收峰分别在波长 206nm 和 259nm 处，表明其极有可能含有共轭双键的多肽，因为酪氨酸、苯丙氨酸和色氨酸残基分子内部都存在共轭双键，能够使多肽具有的紫外吸收特征。由于 206nm 处属于末端吸收，流动相和一些杂质在 210nm 以下均可能有吸收峰，会对抑菌活性组分的后续分析造成干扰，因此后续的高效液相色谱纯化试验选择以 259nm 作为检测波长。

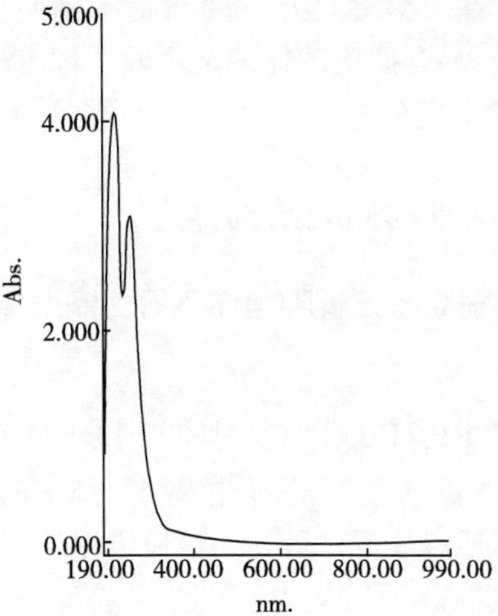

图 3-4　*Lactobacillus. plantarum* JLA-9 抑菌活性组分的全波长扫描图谱

五、抑菌活性物质的反向高效液相色谱纯化

由 Sephadex G-25 凝胶层析纯化得到的抑菌活性洗脱峰经浓缩后应用反向高效液相色谱（RP-HPLC）进一步纯化见图 3-5。

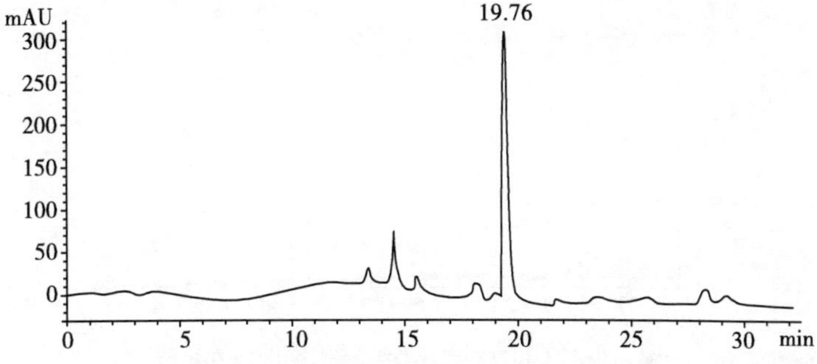

图 3-5　Plantaricin JLA-9 在保留时间为 19. 576min 活性峰 RP-HPLC 图

由图 3-5 可知，在保留时间为 19.576 时得到一个对蜡样芽孢杆菌（AS1.1846）具有抑菌活性的洗脱峰，将该活性峰收集后用于下一步的结构鉴定分析。

六、抑菌活性物质的结构鉴定

（一）基质辅助激光解吸电离飞行时间质谱（MALDI-TOF-MS）鉴定

将经分析型 RP-HPLC 保留时间为 19.576 的活性峰收集后浓缩，利用基质辅助激光解吸电离飞行时间质谱（MALDI-TOF-MS）进行质谱分析，得到一级质谱图结果见图 3-6。由图 3-6 可知该物质的分子质量为 1 044u，将其命名为 Plantaricin JLA-9。接下来本试验将 1 044 Da 的质谱峰进行 MALDI-TOF-MS/MS 分析，最后得到二级质谱图，根据多肽的断裂规律对其结构进行推导。由于多肽与基质混合经激光的激发形成共晶化膜，然后基质从激光中吸收的能量传递给多肽电离产生一个电子。通过这种技术多肽的本体离子和一些大的片断离子被获得，最后就可以根据片段离子的强度推断多肽的主要结构。

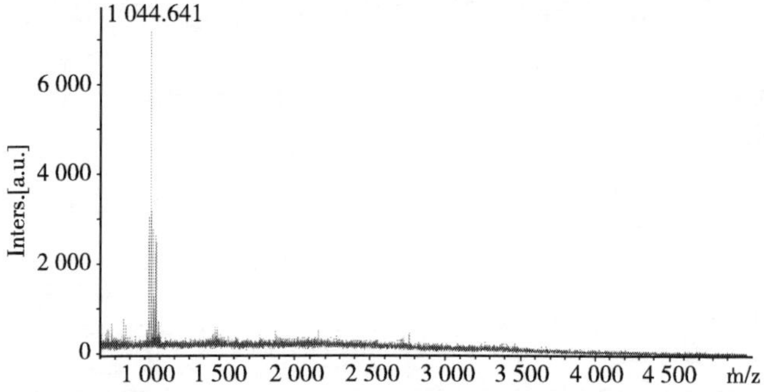

图 3-6　Plantaricin JLA-9 基质辅助激光解吸电离飞行时间质谱图

Plantaricin JLA-9 前体离子（m/z 1044.641）的分析见图 3-7(A) 和 (B)。由图 3-7 中可以看出，产物离子 m/z 972.543 是由于从多肽中断裂掉一个 Alanine 而获得；m/z 828.342 片段是断裂掉一个 Alanine 和 Phenylalanine 而得到；m/z 728.268 片段是由于多肽断裂了 Alanine、Phenylalanine 和 Erine 获得。其他的片段包括 m/z 608.279、m/z 480.933、m/z 352.399 和 m/z 165.776 可以用同样的推导计算方法确定其断裂掉的氨基酸，最后推导出整个氨基酸的序列为 FWQKMSFA。

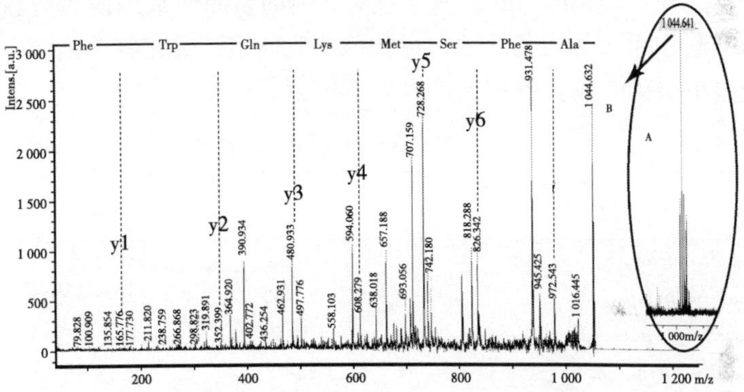

图 3-7　Plantaricin JLA-9 的质谱解析图

（A）Plantaricin JLA-9 MALDI-TOF-MS 图

（B）Plantaricin JLA-9 MALDI-TOF-MS 二级质谱分析图

（二）细菌素 Plantaricin JLA-9 N-端测序分析

将 RP-HPLC 纯化时保留时间为 19.576 的活性峰收集后冷冻干燥，采用 PPSQ-33A 全自动蛋白测序仪，成功地测定了 N 端氨基酸序列，测序得到的 Plantaricin JLA-9 的 N 端氨基酸序列为 Phe-Trp-Gln-Lys-Met-Ser-Phe-Ala。将测得的 8 个氨基酸序列片段作为靶序列，通过 BLAST 软件在 NCBI 网站中进行比较未发现同源蛋白。

七、细菌素 Plantaricin JLA-9 抑菌谱测定

将经 Sephadex LH-20 部分纯化获得的活性组分，利用琼脂孔扩散法测定细菌素 Plantaricin JLA-9 的抑菌谱，结果见表 3-3。由表 3-3 中结果可知，Plantaricin JLA-9 对腐败性和致病性芽孢杆菌具有很好的抑制作用，如蜡样芽孢菌、巨大芽孢杆菌、嗜热脂肪地芽孢杆菌、酸土脂环酸芽孢杆菌、产气荚膜梭菌及艰难梭菌等。此外，Plantaricin JLA-9 也对其他的食源性致病菌具有较好的抑制作用，如大肠杆菌、金黄色葡萄球菌、荧光假单胞菌、黏滞沙雷氏菌、肠炎沙门氏菌及志贺氏菌等。

表 3-3 Plantaricin JLA-9 抑菌谱

指示菌	来源	抑菌圈直径（mm）
Bacillus cereus	AS1. 1846	13. 86±0. 21
Bacillus pumilus	CMCC（B）63202	13. 92±0. 13
Bacillus megaterium	CICC10448	13. 43±0. 16
Bacillus coagulans	CICC20138	12. 78±0. 14
Bacillus subtilis	ATCC9943	13. 13±0. 23
Geobacillus stearothermophilus	CICC20139	10. 92±0. 32
Alicyclobacillus acidoterrestris	CICC10374	10. 28±0. 29
Paenibacillus polymyxa	CGMCC4314	12. 17±0. 15
Clostridium difficile	CICC22951	11. 22±0. 09
Clostridium perfringens	CICC22949	11. 56±0. 13
Clostridium sporogenes	CICC10385	12. 12±0. 08
Staphylococcus aureus	CMCC（B）26003	13. 21±0. 21
Micrococcus luteus	CMCC（B）28000	13. 76±0. 24
Pseudomonas fluorescens	AS1. 1802	13. 88±0. 07
Serratia marcescens	CICC10187	10. 54±0. 25
Escherichia coil	ATCC25922	10. 18±0. 11
Salmonella enteritidis	CICC21527	11. 34±0. 07

（续）

指示菌	来源	抑菌圈直径（mm）
Salmonella typhimurium	CMCC51005	10.84±0.09
Salmonella paratyphi A	CICC21501	11.21±0.16
Salmonella paratyphi B	CICC21495	10.89±0.13
Shigella flexneri	CICC51571	12.09±0.08
Proteus mirabilis	CMCC49005	10.74±0.21

八、细菌素 Plantaricin JLA-9 的性质研究

（一）细菌素 Plantaricin JLA-9 的热稳定性研究

纯化后细菌素分别在 60℃，10min；60℃，30min；80℃，10min；80℃，30min；100℃，10min；100℃，30min；121℃，20min 条件下处理后，抑菌结果表明细菌素 Plantaricin JLA-9 具有较好的热稳定性，即使经过 121℃，20min 处理仍可以保持 58%的抑菌活性，见图 3-9（A）和（B）。

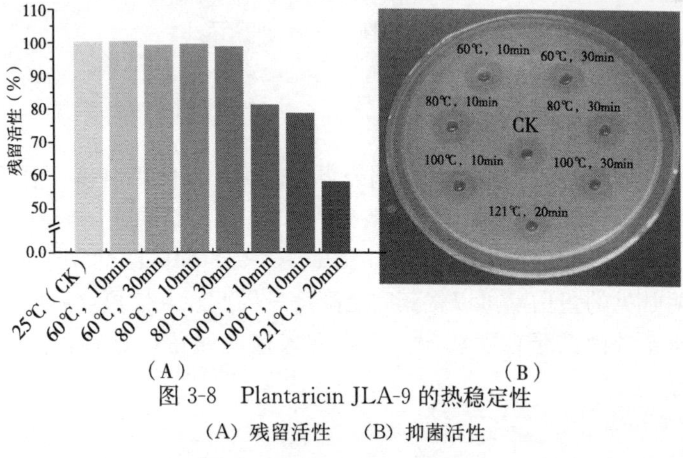

（A）　（B）

图 3-8　Plantaricin JLA-9 的热稳定性

（A）残留活性　（B）抑菌活性

（二）细菌素 Plantaricin JLA-9 的 pH 稳定性研究

纯化得到的细菌素分别将其 pH 调节至 2、3、4、5、6、7、8、9、10，37℃水浴处理，抑菌结果表明细菌素 Plantaricin JLA-9 在偏酸性的条件下表现出较好稳定性，在 pH2～7 的条件下处理，活性基本保持不变，只有在碱性条件处理之后，活性降低比较明显。pH 10 处理后活性降低了 40%，见图 3-9（A）和（B）。

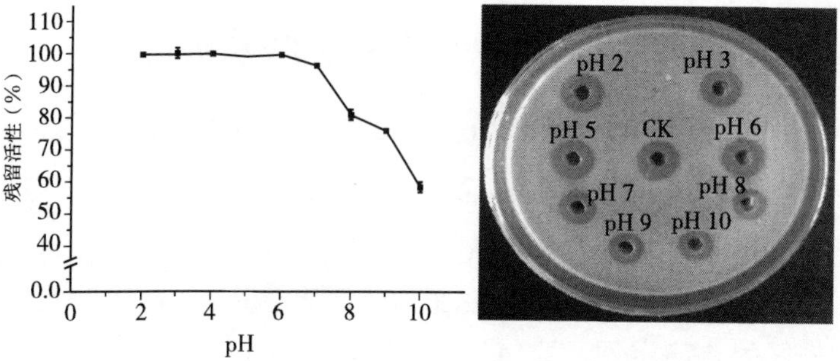

（A）　　（B）

图 3-9　Plantaricin JLA-9 的 pH 稳定性

（A）残留活性　（B）抑菌活性

（三）细菌素 Plantaricin JLA-9 的蛋白酶稳定性研究

将纯化得到的细菌素分别经胃蛋白酶、碱性蛋白酶、木瓜蛋白酶、胰凝乳蛋白酶 37℃水浴处理 3h，抑菌结果表明经这几种蛋白酶处理后，细菌素 Plantaricin JLA-9 的抑菌活性完全消失，表明常见的蛋白酶可以将其完全降解，因此经人体摄食后可以被消化系统内的蛋白酶降解，不会在人体内残留，具有较高的安全性。

表 3-4 Plantaricin JLA-9 的蛋白酶稳定性

酶	残留活性
CK	100
胃蛋白酶	0
碱性蛋白酶	0
木瓜蛋白酶	0
胰凝乳蛋白酶	0

第三节 结果与讨论

本研究中应用了多种经典的分离纯化细菌素的方法，包括有机溶剂萃取、凝胶层析及反向高效液相色谱法。很多以前的研究报道都是采用硫酸铵沉淀法作为细菌素分离的第一步，例如 Plantaricin 163、Plantaricin A-1、Sakacin LSJ618 和 BacPPK34 等将硫酸铵沉淀法作为细菌素的粗分离方法。然而，在本试验中与正丁醇萃取法相比较，硫酸铵沉淀法并不能获得较高的分离效果。因此，本试验没有选用常用的硫酸铵沉淀法，而是选用了正丁醇萃取法作为细菌素的第一步粗分离。

目前，已经有许多植物乳杆菌产的细菌素被纯化鉴定出来，其中大多数细菌素的分子量都大于 2.0ku，例如 *L. plantarum* C19 产的 Plantaricin C19 分子质量为 3.8ku，*L. plantarum* 423 产的 Plantaricin 423 分子质量为 3.5ku，*L. plantarum* 163 产的 Plantaricin 163 分子质量为 3.5ku，*L. plantarum* NRIC 149 产的 Plantaricin 149 分子质量为 2.2ku，*L. plantarum* 510 产的 Plantaricin Y 分子质量为 4.2ku 以及 *L. plantarum* LB-B1 产的 Pediocin LB-B1 分子质量为 2.5ku。但是，也有分子量小于 2.0ku 的细菌素被报道，如 *L. plantarum* ZJ008 产的 Plantaricin ZJ008 分子量为 1.3ku。然而，根据本研究发现，目前为止植物乳杆菌产分子质

量为 1 044 Da 的细菌素还未见报道。此外，已经报道的植物乳杆菌产的细菌素氨基酸数量一般都大于 20。例如，*L. plantarum* C19 产的 Plantaricin C19 由 36 个氨基酸组成、*L. plantarum* J 产的 Plantaricin C11 由 25 个氨基酸组成以及 *L. plantarum* LPC010 产的 Plantaricin Sα 也含有 25 个氨基酸。本试验中分离纯化获得的 Plantaricin JLA-9 含有 8 个氨基酸，同时将序列放到 GenBank 中的蛋白数据库中进行比对并没有发现同源蛋白，因此表明 Plantaricin JLA-9 是植物乳杆菌产的一种新型细菌素。

近年来，芽孢杆菌导致的食品污染被报道地越来越多。例如，由于巴氏杀菌的低温灭菌方式，导致部分乳制品经常受到芽孢杆菌属的污染，在巴氏杀菌的条件下一些芽孢不能够被完全地杀死，一旦温度适宜，它们就会重新萌发进而污染食品。本研究中的细菌素，与其他已经报道的细菌素相比，它的特别之处就是能够广谱地抑制食品中的腐败性及致病性芽孢杆菌。植物乳杆菌产的许多细菌素都对一些食源性致病菌具有较好地抑制作用，例如细菌素 Plantaricin ZJ008 的抑菌谱较广，尤其是对葡萄球菌属的金黄色葡萄球菌、肉葡萄球菌及表皮葡萄球菌具有较好的抑制作用。Plantaricin LB-B1 主要对李斯特菌属具有较好的抑制作用，Plantaricin MG 主要对革兰氏阴性食源性致病菌具有较好的抑制作用，但也能抑制一些革兰氏阳性菌如枯草芽孢杆菌等。然而，关于植物乳杆菌产细菌素对芽孢杆菌具有广谱抑制作用的研究还未见报道。因此，Plantaricin JLA-9 作为一个食品防腐剂的待开发对象，其具有很高的潜力应用到食品工业中，以延长食品的货架期。

此外，本研究发现 Plantaricin JLA-9 具有较好的热稳定及 pH 稳定性。例如，有报道 Nisin 在 121℃处理 15min 后完全失活，而 Plantaricin JLA-9 经同样条件处理后可以保持 58％的活性，所以 Plantaricin JLA-9 具有比 Nisin 更强的热稳定性，Plantaricin JLA-9 更适用于热加工食品的防腐保鲜。此外，Plantaricin JLA-9 还具有宽范围的 pH 稳定性，其在酸性和中性环境中抑菌活性不变，即使在弱碱性环境仍可以保持较好的抑菌能力。而其他的一些细菌素如现在最常用的 Nisin 在中性和碱性环境中很容易失活，这就大大地限制了它们在食品工业中的应用。基于以上多种优势，Plantaricin JLA-9 在食品防腐保鲜领域具有广阔地开发应用前景。

第四章　植物乳杆菌 JLA-9 产细菌素 MRS 培养基的优化

虽然先进的现代科学技术不断地发展，但是食品保藏依然是现在研究的一个热点问题。现代食品科技的发展已经能够做到防止食品腐败、降低生产成本及控制致病菌污染。但是，目前消费者日益需求的是食品在保鲜过程中能够保持其新鲜的口味、营养及维生素，食品添加剂要天然健康且对人体不会产生副作用。因此，绿色健康的食品保鲜技术仍然是食品工业中的一个重要挑战。乳酸菌产的细菌素由于具有对人体细胞不产生毒性，能够被胃蛋白酶降解，因而不会影响胃肠道益生菌的生长，对食源性腐败菌及致病菌具有相对广谱的抑菌效果等优势。因此，正在逐渐地被开发为天然绿色的食品防腐保鲜剂应用到食品工业中。

一个合适的发酵培养基是微生物发酵生产细菌素的一个关键因素，因为培养基的组成成分能够显著地影响微生物的次级代谢过程。传统的培养基优化法主要是采用单因素轮换法，这种方法费时费力，并且没有考虑多个因素的交互作用。而通过统计学试验设计后再进行优化就能够消除这种单因素优化的限制。响应面法（response surface methodology，RSM）是目前广泛用于培养基组分筛选的试验设计方法，它可以筛选得到重要的可变因素和水平，并且能够分析多个变量之间的交互作用影响，然后根据得到的因素和水平通过响应分析获得因素的最优数值。目前，有很多研究已经成功地将这种技术用于微生物代谢产物培养基组分的优化。

本章以植物乳杆菌 JLA-9 发酵的 MRS 培养基出发筛选促进细菌素生产的碳源、氮源、生长促进因子等并对其改良替换，通过响应面法对关键因子进行优化，提高 *Lacotobacillus plantarum* JLA-9 产细菌素的产量，为工业化生产和应用提供依据。

第一节　研究材料与方法概论

一、试验材料

（一）菌种

供试菌株：植物乳杆菌 JLA-9。
指示菌株：蜡样芽孢杆菌（AS1.1846）。

（二）培养基

乳酸菌分离培养基（MRS 培养基）：牛肉膏 10g，蛋白胨 10g，乙酸钠 5g，磷酸氢二钾 2g，柠檬酸氢铵 2g，七水硫酸镁 0.58g，四水硫酸锰 0.25g，葡萄糖 20g，吐温-80 1mL，蒸馏水 1L，pH 6.2～6.4，115℃、20min 灭菌备用，固体培养基另加 1.5%～2%的琼脂。

指示菌培养基：LB 培养基：酵母粉 5g，蛋白胨 10g，氯化钠 5g，蒸馏水 1L，pH 7.0，121℃、20min 灭菌备用，固体培养基另加 1.5%～2%的琼脂；厌氧梭菌培养基：牛肉膏 10g，蛋白胨 5g，酵母粉 3g，葡萄糖 5g，淀粉 1g，氯化钠 5g，醋酸钠 3g，L-半胱氨酸盐酸盐 0.5g，蒸馏水 1L，pH 6.8，121℃、20min 灭菌备用，固体培养基另加 1.5%～2%的琼脂。

乳酸菌鉴定用培养基：乳酸菌菌株鉴定所用到的培养基包括 PYG 培养基、精氨酸产氨培养基、产硫化氢培养基等均参照凌代文《乳酸菌分类鉴定及试验方法》配制。

（三）主要仪器

电子精密天平 AY120（北京，赛多利斯天平有限公司）；全自动高压灭菌锅 TOMY-SX-700（美国，Tomy 公司）；超净工作台 SW-CJ-IBU（苏州，苏净集团）；电热恒温培养箱（上海，森信实验仪器有限公司）；海尔冰箱 BCD-215YD（青岛，海尔集团）；高速离心机 5418（芬兰，Eppendorf 公司）；pH 计 Orion 3 STAR（美国，Thermo 公司）；鼓风干燥箱 GXZ-9 240 MBE（上海，博迅实业有限公司医疗设备厂）；多功能摇床 HYL-A（太仓，强乐实验仪器有限公司）。

二、试验方法

（一）菌种活化

将甘油管保存的植物乳杆菌 JLA-9 以 1%的接种量置入装有 30mL 灭菌 MRS 培养基的三角瓶中，经 12h 培养后于 MRS 固体平板划线培养 12h 挑取单菌落，在试管斜面上划线培养并保存活化后的菌种。

（二）抑菌相对效价的定义

采用牛津杯双层琼脂平板扩散法测定发酵上清液的抑菌活性，采用 Nisin 标准曲线对细菌素相对抑菌效价进行测定。首先以蜡样芽孢杆菌 AS1.1846 作为指示菌，以 Nisin 作为阳性对照。将 Nisin 分别配成 4 000、6 000、8 000、10 000、20 000、40 000、60 000 和 80 000 不同浓度的溶液，通过抑菌试验的结果绘制 Nisin 效价和抑菌圈直径之间的标准曲线，然后将待测发酵上清液的抑菌圈直径代入回归方程，从而可以计算发酵液中细菌素的相对效价。

（三）单因素试验

1. MRS 培养基碳源的筛选　分别以 2%添加量的麦芽糖、D-果糖、蔗糖、海藻糖、山梨醇、α-D-乳糖、菊糖、D-木糖等量替换初始培养基中的葡萄糖作为培养基中碳源的成分，经 37℃培养 36h 的条件发酵后取上清液测定抑菌活性，筛选植物乳杆菌 JLA-9 发酵产细菌素的最优碳源。

2. MRS 培养基氮源的筛选　以最佳碳源为碳源，分别以蛋白胨、胰蛋白胨、大豆蛋白胨、鱼粉蛋白胨、酵母提取物、牛肉膏各自组合等量替换初始培养基中的氮源作为培养基中氮源的成分，经 37℃培养 36h 的条件发酵后取上清液测定抑菌活性，筛选植物乳杆菌 JLA-9 发酵产细菌素的最优氮源。

3. MRS 培养基生长促进因子的筛选　以最佳碳源为碳源，最佳氮源为氮源，分别以吐温 20、吐温 40、吐温 60、聚乙二醇 1 000 等量替换初始培养基中的吐温 80 作为培养基中生长促进因子的成分，经 37℃培养 36h 的条件发酵后取上清液测定抑菌活性，筛选植物乳杆菌 JLA-9 发酵产细菌素的最优生长促进因子。

4. MRS 培养基磷酸盐缓冲液的筛选　以最佳碳源为碳源，最佳氮源为氮源，分别以 KH_2HPO_4、Na_2HPO_4、NaH_2HPO_4 等量替换初始培养基中的 K_2HPO_4 作为培养基中磷酸盐缓冲液的成分，经 37℃培养 36h 的条件发酵后取上清液测定抑菌活性，筛选植物乳杆菌 JLA-9 发酵产细菌素的最优磷酸盐。

5. MRS 培养基果糖含量的确定　分别选用果糖的添加量为 5、10、15、20、25、30、35、40g/L 作为培养基碳源，经 37℃培养 36h 的条件发酵后取上清液测定抑菌活性，确定植物乳杆菌 JLA-9 发酵产细菌素的最佳果糖添加量。

6. MRS 培养基氮源含量的确定　分别选用鱼粉蛋白胨＋牛肉膏＋酵母膏的添加量比例为 5∶5∶2.5、10∶10∶5、15∶15∶7.5、20∶20∶10、25∶25∶12.5、30∶30∶15 作为培养基氮源，经 37℃培养 36h 的条件发酵后取上清液测定抑菌活性，确定植物乳杆菌 JLA-9 发酵产细菌素的最佳氮源添加量。

7. MRS 培养基 KH_2PO_4 含量的确定 分别选用 KH_2PO_4 的添加量为 0.5、1、2、3、4、5g/L 作为培养基碳源，经 37℃培养 36h 的条件发酵后取上清液测定抑菌活性，确定植物乳杆菌 JLA-9 发酵产细菌素的最佳 KH_2PO_4 添加量。

（四）响应面分析试验

在单因素试验的基础上，确定 Central composite design（CCD）设计的自变量，以抑菌效价（蜡样芽孢杆菌为指示菌）为响应值，设计三因素三水平响应面分析试验，对植物乳杆菌 JLA-9 产细菌素培养基进行优化，共有 20 个试验点，14 个分析因子，6 个零点。零点试验进行 5 次，以估计误差，利用 Design-Expert（Vision 8.0.5）软件进行响应面分析，响应面试验因素及水平表见表 4-1。

表 4-1 响应面试验因素及水平表

变量	代码	编码水平		
		-1	0	1
果糖 Fructose（g/L）	X1	25	32.5	40
鱼粉蛋白胨：牛肉膏：酵母膏（g/L）	X2	10：10：5	15：15：7.5	20：20：10
磷酸二氢钾（g/L）	X3	2	3	4

（五）数据处理

试验数据处理采用 SPSS20.0 软件，所有试验重复 3 次，结果以平均值±表示，显著性分析采用 Duncan 检验。

第二节　植物乳杆菌产细菌素 MRS 培养基优化

一、抑菌相对效价的定义

通过对不同浓度 Nisin 抑菌圈直径的测定，测得的回归方程为：$Y=0.187X+1.265$，$R^2=0.992$。式中，Y 表示效价的对数值；X 表示抑菌圈直径（mm）。应用 Nisin 标准曲线测定培养基优化过程中各个培养条件发酵上清液相对效价的变化。以 Nisin 效价的对数值作为纵坐标，以抑菌圈直径作为横坐标，绘制得到标准曲线。由图 4-1 可见，Nisin 效价与抑菌圈直径呈现良好的线性关系，因此可以用于下一步试验。

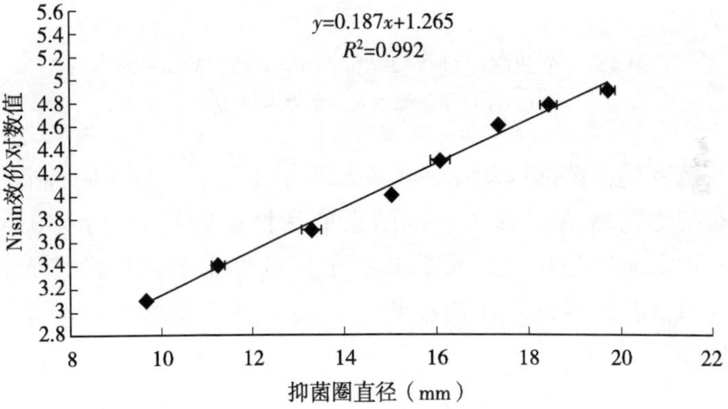

图 4-1　Nisin 标准效价曲线

二、不同碳源对植物乳杆菌 JLA-9 产细菌素的影响

通常碳源为微生物的生长代谢提供主要的能量，同时也是构成菌体细胞结构及其代谢产物的主要元素。本试验分别以麦芽

糖、D-果糖、蔗糖、海藻糖、山梨醇、a-D-乳糖、菊糖、D-木糖等量替换初始培养基中的葡萄糖，筛选最优碳源，试验结果如图 4-2 所示。

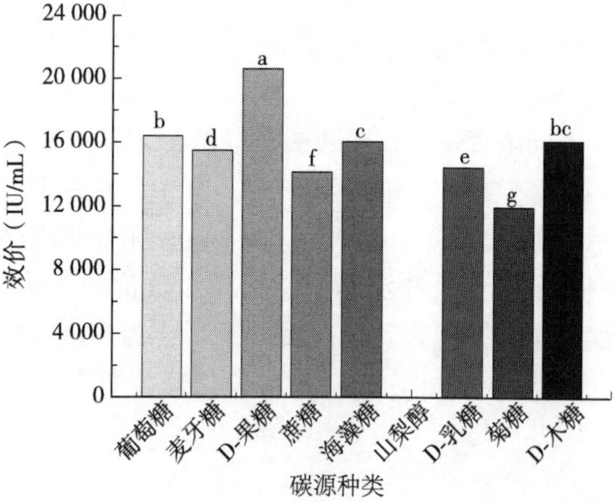

图 4-2　不同碳源对植物乳杆菌 JLA-9 产细菌素的影响

注：不同字母表示差异显著（$p<0.05$）

植物乳杆菌能够利用多种碳源除了山梨醇，且不同种类的碳源对植物乳杆菌 JLA-9 产细菌素的活性影响较大（$p<0.05$）。在 9 种碳源物质中，D-果糖具有最好的抑菌效果提升能力。因此，本试验选择果糖作为植物乳杆菌 JLA-9 发酵生产细菌素的最佳碳源。

三、不同氮源对植物乳杆菌 JLA-9 产细菌素的影响

本试验以果糖为碳源，分别以胰蛋白胨＋牛肉膏（A）、胰蛋白胨＋酵母膏（B）、大豆蛋白胨＋牛肉膏（C）、大豆蛋白胨＋酵母膏（D）、鱼粉蛋白胨＋牛肉膏（E）、鱼粉蛋白胨＋酵母膏（F）、牛肉膏＋酵母膏（G）、蛋白胨＋牛肉膏＋酵母膏

(H)、大豆蛋白胨＋牛肉膏＋酵母膏（I)、鱼粉蛋白胨＋牛肉膏＋酵母膏（J)、胰蛋白胨＋牛肉膏＋酵母膏（K）等量替换初始培养基中的氮源，筛选最优氮源，试验结果如图 4-3 所示，鱼粉蛋白胨＋牛肉膏＋酵母膏（J）的配比组合对抑菌效果的提升能力最显著（$p<0.05$)。已有文献报道，复合氮源的使用能够提高微生物菌株次级代谢产物的合成效率。因此，本试验选择鱼粉蛋白胨＋牛肉膏＋酵母膏（J）作为植物乳杆菌 JLA-9 发酵生产细菌素的最佳氮源。

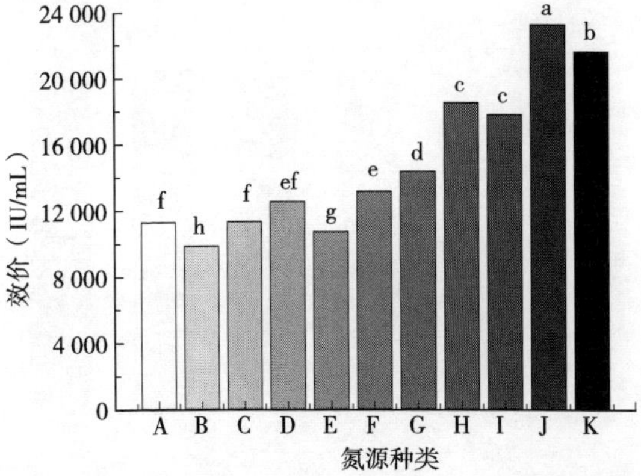

图 4-3　不同氮源对植物乳杆菌 JLA-9 产细菌素的影响

A. 胰蛋白胨＋牛肉膏　B. 胰蛋白胨＋酵母膏　C. 大豆蛋白胨＋牛肉膏　D. 大豆蛋白胨＋酵母膏　E. 鱼粉蛋白胨＋牛肉膏　F. 鱼粉蛋白胨＋酵母膏　G. 牛肉膏＋酵母膏　H. 蛋白胨＋牛肉膏＋酵母膏　I. 大豆蛋白胨＋牛肉膏＋酵母膏　J. 鱼粉蛋白胨＋牛肉膏＋酵母膏　K. 胰蛋白胨＋牛肉膏＋酵母膏

注：不同字母表示差异显著（$p<0.05$）

四、不同生长促进因子对植物乳杆菌 JLA-9 产细菌素的影响

在乳酸菌培养基中添加生长促进因子能够促进细菌素的产

生，常用的一些生长促进因子主要是一些表面活性剂，如吐温-20、吐温-80等。本试验以果糖为碳源，以鱼粉蛋白胨＋牛肉膏＋酵母膏为氮源，分别以吐温-20、吐温-40、吐温-60、吐温-80、聚乙二醇1 000等量替换初始培养基中的生长促进因子，筛选最优生长促进因子，试验结果如图4-4所示，可以看出不同生长促进因子对植物乳杆菌JLA-9代谢产细菌素的活性基本无显著性影响（$p>0.05$）。因此，在后期的响应面优化试验中未选择生长促进因子作为考察因素。

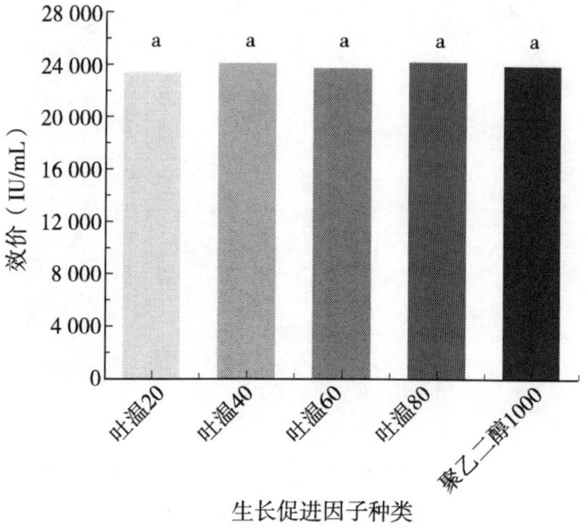

图4-4　不同生长促进因子对植物乳杆菌JLA-9产细菌素的影响

注：不同字母表示差异显著（$p>0.05$）

五、不同磷酸盐缓冲液对植物乳杆菌JLA-9产细菌素的影响

以果糖为碳源，以鱼粉蛋白胨＋牛肉膏＋酵母膏为氮源，分别以磷酸二氢钠、磷酸氢二钠、磷酸二氢钾等量替换初始培养基

中的磷酸盐，筛选最优磷酸盐缓冲液，试验结果如图 4-5 所示。从图 4-5 可以看出添加磷酸二氢钾对抑菌效果的提升能力最显著（$p<0.05$）。因此，本试验确定将磷酸二氢钾作为植物乳杆菌 JLA-9 发酵生产细菌素的最佳磷酸盐缓冲液。

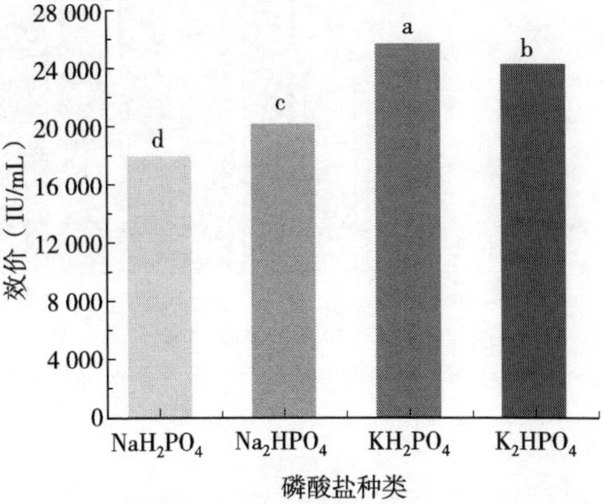

图 4-5　不同磷酸盐缓冲液对植物乳杆菌 JLA-9 产细菌素的影响

注：不同字母表示差异显著（$p<0.05$）

六、果糖含量的确定

不同果糖含量对植物乳杆菌 JLA-9 产细菌素的影响由图 4-6 可知，当果糖的添加量为 5g/L 时，植物乳杆菌 JLA-9 不能产生细菌素，可能含量较低的碳源不能够为细菌素的合成提供足够的碳骨架。而当果糖的添加量为 30g/L 和 35g/L 时，植物乳杆菌 JLA-9 产细菌素活性无显著差（$p>0.05$），且抑菌活性最高。当果糖添加量至 40g/L 时，其抑菌效价较 30g/L 和 35g/L 时显著降低（$p<0.05$）。因此，本试验选择 25g/L 和 40g/L 作为下一步响应面试验中果糖添加量的低浓度和高浓度。

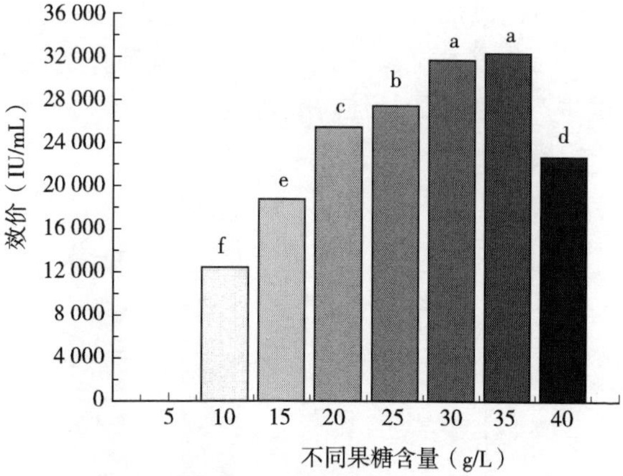

图 4-6　不同果糖含量对植物乳杆菌 JLA-9 产细菌素的影响

注：不同字母表示差异显著（$p<0.05$）

七、氮源含量的确定

不同氮源含量配比对植物乳杆菌 JLA-9 产细菌素的影响由图 4-7 可知，以鱼粉蛋白胨＋牛肉膏＋酵母膏为氮源，添加量（g/L）分别为 5∶5∶2.5（A）、10∶10∶5（B）、15∶15∶7.5（C）、20∶20∶10（D）、25∶25∶12.5（E）和 30∶30∶15（F），当氮源的添加量为 A、B、C 时，植物乳杆菌 JLA-9 产细菌素活性逐渐升高，且差异性显著（$p<0.05$），当氮源的添加量为 15∶15∶7.5g/L（C）时，植物乳杆菌 JLA-9 产细菌素的活性最高，当添加量为 D 和 E 时，植物乳杆菌 JLA-9 产细菌素活性无显著差（$p>0.05$），且比添加量为 C 时活性降低。因此，选择试验组 B 和试验组 D 作为下一步响应面试验中氮源添加量的低浓度和高浓度。

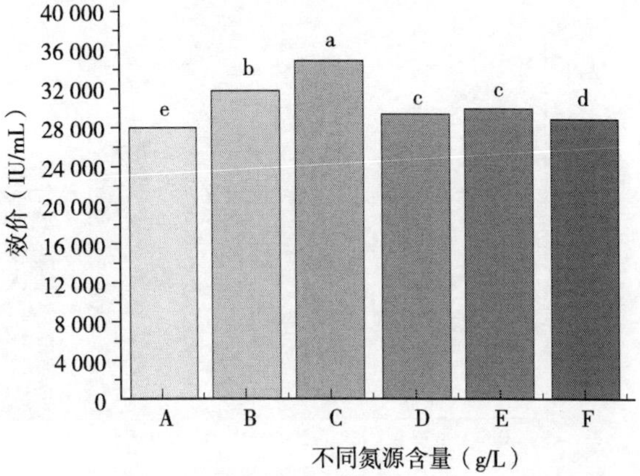

图 4-7　不同氮源含量对植物乳杆菌 JLA-9 产细菌素的影响

鱼粉蛋白胨＋牛肉膏＋酵母膏氮源的添加量（g/L）

A. 5∶5∶2.5　B. 10∶10∶5　C. 15∶15∶7.5

D. 20∶20∶10　E. 25∶25∶12.5　F. 30∶30∶15

注：不同字母表示差异显著（$p<0.05$）

八、磷酸盐含量的确定

磷酸二氢钾含量对植物乳杆菌 JLA-9 产细菌素的影响由图 4-8 可知，当磷酸二氢钾的添加量为 0.5～3g/L 时，植物乳杆菌 JLA-9 产生细菌素的抑菌活性逐渐提高，当磷酸钾的添加量 3g/L 时，植物乳杆菌 JLA-9 产细菌素活性最高且差异显著（$p<0.05$），当磷酸二氢钾添加量至 4g/L 时，其抑菌效价较 3g/L 时显著降低（$p<0.05$）。因此，选择 2g/L 和 4g/L 作为下一步响应面试验中磷酸二氢钾添加量的低浓度和高浓度。

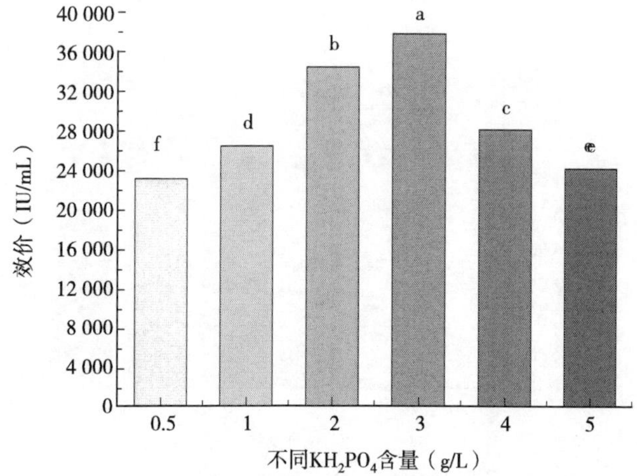

图 4-8　不同 KH_2PO_4 含量对植物乳杆菌 JLA-9 产细菌素的影响

注：不同字母表示差异显著（$p<0.05$）

九、响应面优化

（一）响应面结果分析

植物乳杆菌 JLA-9 产细菌素培养基优化的响应面结果见表 4-2，分析结果见表 4-3。利用 Design-Expert 8.0.5 对表中的试验数据（响应值）进行多元回归拟合及对模型进行方差分析，得到抑菌效价（蜡样芽孢杆菌为指示菌）（Y）对果糖的添加量（X_1）、氮源（鱼粉蛋白胨，牛肉膏，酵母膏）配比添加量（X_2）、磷酸二氢钾（$X3$）的回归方程为：

$$Y=4.36+0.69X_1+14.32X_2+4.36X_3+0.06X_1X_2+2.17X_1X_3-1.73X_2X_3-0.01X_1^2-8.96X_2^2-0.95X_3^2$$

通过表 4-3 回归可信度分析表明，本试验所选用的二次多项模型具有高度的显著性（$p<0.000\ 1$），该模型的决定系数为

$R^2=0.9882$，校正决定系数为 $R^2_{adj}=0.9730$，说明该模型能解释 97.3%响应值的变化，仅有总变异的 2.7%不能用此模型来解释，失拟项 $p=0.727$（$p>0.05$）表明模型失拟项在 $\alpha=0.1$ 水平上不显著，因此该方程拟合充分，回归方程显著，具有较好的代表性，可以用上述方程对试验结果进行分析。

由表 4-3 对回归模型各项的显著性检验结果表明，方程一次项中果糖、鱼粉蛋白胨、牛肉膏、酵母膏配比、磷酸二氢钾对抑菌效价的曲面效应均显著；鱼粉蛋白胨、牛肉膏、酵母膏配比和磷酸二氢钾的交互作用显著，其余的交互作用均不显著；果糖、鱼粉蛋白胨、牛肉膏、酵母膏配比、磷酸二氢钾的线性影响效应极其显著。表明响应值的变化相当复杂，各个试验因素对响应值的影响不是简单的线性关系，而是呈现二次抛物面关系。因此，在一定范围内可以通过调节这三个因素的水平，使抑菌效价达到所需水平。

表 4-2　响应面试验设计及结果

编号	变量			抑菌相对效价（IU/mL）
	X_1	X_2	X_3	实验值
1	-1	-1	-1	36 957
2	1	-1	-1	34 617
3	-1	1	-1	37 041
4	1	1	-1	37 421
5	-1	-1	1	38 187
6	1	-1	1	36 998
7	-1	1	1	34 284
8	1	1	1	33 798
9	-1.682	0	0	38 790
10	1.682	0	0	36 405
11	0	-1.682	0	37 685
12	0	1.682	0	37 719

（续）

编号	变量			抑菌相对效价（IU/mL）
	X_1	X_2	X_3	实验值
13	0	0	-1.682	37 322
14	0	0	1.682	36 876
15	0	0	0	40 552
16	0	0	0	40 066
17	0	0	0	40 892
18	0	0	0	41 987
19	0	0	0	41 438
20	0	0	0	40 510

表 4-3　响应面二次多项模型及各项的方程方差分析表

方差来源	平方和	自由度	均方	F值	P值 Pr>F
模型	22.68	9	2.52	54.40	<0.000 1
X_1	0.31	1	0.31	6.63	0.027 6
X_2	0.52	1	0.52	11.23	0.007 3
X_3	0.29	1	0.29	6.25	0.031 4
X_1X_2	0.086	1	0.086	1.86	0.202 6
X_1X_3	2.112	1	2.112	0.046	0.835 2
X_2X_3	1.49	1	1.49	32.12	0.000 2
X_1^2	6.16	1	6.16	133.04	<0.000 1
X_2^2	4.52	1	4.52	97.65	<0.000 1
X_3^2	12.89	1	12.89	278.19	<0.000 1
残差	0.46	10	0.046		
拟合不足	0.17	5	0.033	0.56	0.727 3
纯误差	0.30	5	0.059		
总回归	23.14	19	$R=0.994\ 1$	$R^2=0.988\ 2$	$R^2_{adj}=0.973$

（二）响应面图形分析

如图 4-9、图 4-10 和图 4-11 是运用 Design-Expert 8.0.5 软件分析得到的响应面图和等高线分析图，从图中可以直接反映出各因素之间的交互作用对响应值的影响，确定最佳的优化条件。将建立的回归模型中的任何一因素固定在零水平，就得到另外两个因素的交互影响结果二次回归方程的响应面及其等高线如图 4-9、图 4-10、图 4-11 所示。

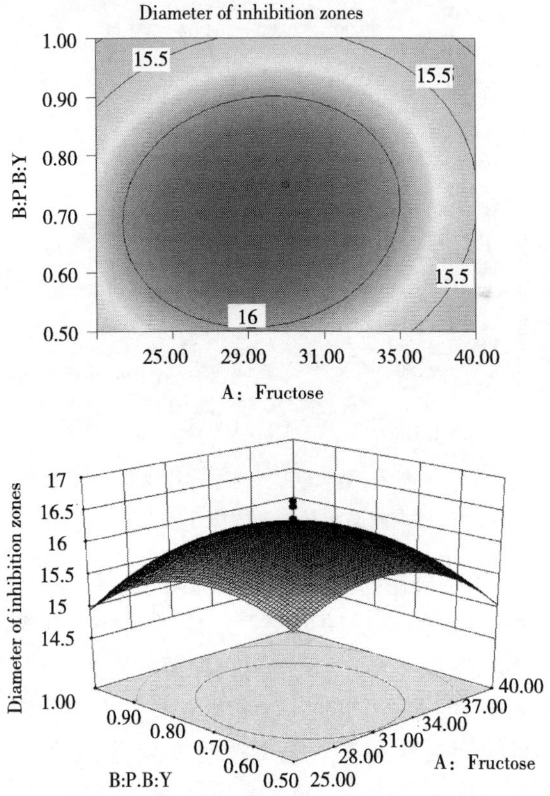

图 4-9 果糖和氮源配比交互作用影响抑菌效价的三维曲面图和等高线图

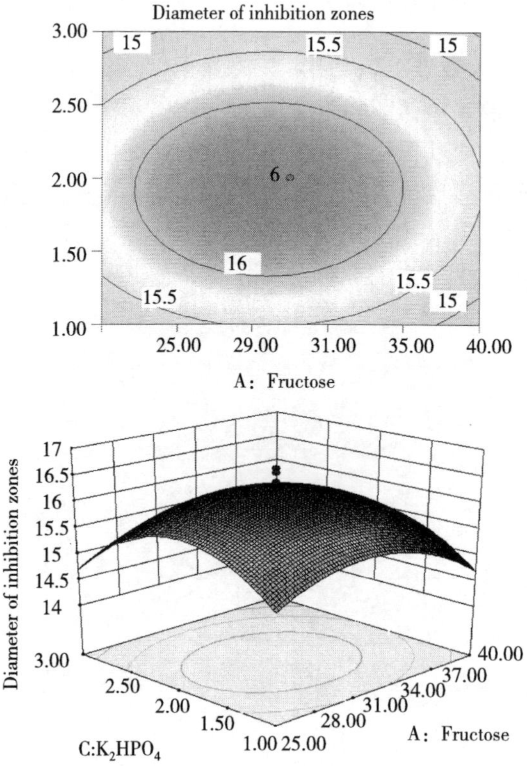

图 4-10　果糖和 K_2HPO_4 交互作用影响抑菌效价的三维曲面图和等高线图

图 4-9 显示了果糖与氮源配比对抑菌活性的交互影响效应。因为等高线的形状可以反映出交互效应的强弱，其等高线呈圆形，可以知道它们之间的交互作用对抑菌物质的活性影响很小，同时等高线的密度沿 A 轴的方向略大于 B 轴方向，说明在果糖和氮源之间的交互作用中，氮源配比对响应峰值的影响大于果糖。

图 4-10 显示了果糖与 K_2HPO_4 对抑菌活性的交互影响，其

等高线也呈圆形，说明它们之间的交互作用对抑菌活性影响不显著。

图 4-11 显示了氮源配比与 K_2HPO_4 对抑菌活性的交互效应，其等高线呈椭圆形且等高线扁平，证明因素之间的交互作用显著（$P<0.05$）。在氮源配比与 K_2HPO_4 交互作用的等高线中，等高线密度沿 B 轴方向略大于 C 轴方向，说明在氮源配比和 K_2HPO_4 的交互作用中，氮源配比对响应峰值的影响大于 K_2HPO_4，氮源配比的变化会对抑菌活性物质有较大的影响。

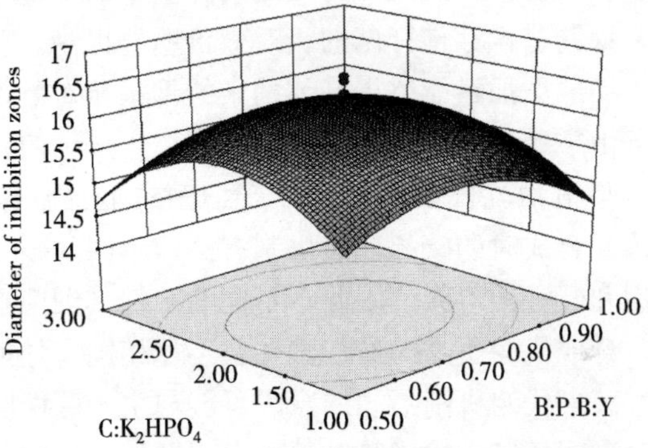

图 4-11 氮源配比和 K_2HPO_4 交互作用影响抑菌效价的三维曲面图和等高线图

（三）模型验证实验

根据 Central composite design（CCD）试验所得的结果和二次项回归方程，利用 Design Expert 8.0.5 软件得出了抑菌效价直径 Y 的最大值为 40 846，与之对应的果糖含量为 35.03g/L，鱼粉蛋白胨、牛肉膏、酵母膏的配比分别为 14.5：14.5：7.3g/L，磷酸二氢钾为 2.95g/L。为了验证模型的可靠性，在试验得出的最优条件下进行 3 次平行发酵试验，得出抑菌效价的为 40 987±517（IU/mL），与理论值仅相差 1.57%。因此，利用响应面分析法得到的植物乳杆菌 JLA-9 产细菌素培养基条件真实可靠，具有实际应用价值。同时，经优化后的发酵上清液抑制蜡样芽孢杆菌的相对效价比原始培养基提高了 2.3 倍，说明本试验所获得的最优培养条件能够显著地提高细菌素的活性产量。

第三节　结果与讨论

本试验研究发现植物乳杆菌 JLA-9 产细菌素是与培养基中成分和含量相关的，当试验中将初始培养基中的葡萄糖换为果糖后，细菌素抑制蜡样芽孢杆菌的相对效价明显提高，且在一定范围内增加果糖的添加量能够提高细菌素的抑菌相对效价。而本试验中选用的山梨醇不能够被植物乳杆菌利用生产细菌素，有文献报道山梨醇是植物乳杆菌 ST23LD 产细菌素的最佳碳源。而这可能与细菌素合成时的碳源代谢机制有关，不同的碳源所能提供的能量类型和碳骨架不同。因此，不同的菌株其细菌素合成代谢机制不同，合成代谢所需的最佳碳源也不尽相同，导致这种碳源利用生产细菌素代谢机制不同的原因可能与生产菌株所处的生存环境不同，不同环境中的优势碳源种类不同从而导致微生物菌株对不同碳源的相应代谢利用机制不同，一般根据生物进化会对周围环境中优势碳源产生较强的代谢利用能力。例如，植物乳杆菌 LB-B1 发酵生产细菌素的最佳碳源是葡萄糖，戊糖乳杆菌 31-1 产细菌素的最佳碳源是乳糖以及酸乳片球菌 C20 产细菌素的最佳碳源是麦芽糖等。而本试验所研究的植物乳杆菌 JLA-9 的最佳碳源被确定为果糖，与其他人的研究也有所不同。

氮源主要被用来合成微生物细胞内的主要结构成分，有机氮源可以被微生物自身分泌的多种蛋白酶水解成氨基酸后被菌体吸收利用；此外，可以被微生物作为代谢底物合成次级代谢产物。本试验中选用鱼粉蛋白胨、牛肉膏、酵母膏的氮源配比相对于初始培养基中的氮源，细菌素抑制蜡样芽孢杆菌的相对效价明显提高，且在一定范围内增加复合碳源的添加量能够提高细菌素的抑菌相对效价。已有文献报道，在细菌素的发酵生产过程中，使用复合氮源能够显著地提高菌株的生长及产细菌素能力。氮源还能够显著促进细菌素的产生，这与微生物菌体代谢过程中的细菌素合成机制有关，有机氮源中含有多种营养成分，可能是某些营养因子诱导了细菌素合成相关基因的表达。

磷酸盐作为一种缓冲剂能够有效地调节发酵过程中的 pH 变化，从而促进菌体的生长，而细菌素的生产与菌株的生长状况密切相关。此外，磷离子对微生物的繁殖与生长起着至关重要的作用。因为它既是合成蛋白质、核酸等重要物质的必要成分，又能够在能量传递过程中发挥着重要作用。本试验中磷酸二氢钾添加量的增加能有效地提高细菌素的抑菌相对效价，说明磷酸盐对细菌素的合成可能也有影响。有文献报道，磷酸根离子对 Nisin 合成具有刺激效果。

本试验主要通过优化培养基主要成分促进植物乳杆菌 JLA-9 发酵生产细菌素。优化采用的响应面法是目前生物学试验领域中较常用的方法，已经有许多研究学者将其应用到细菌素的发酵培养基优化中。例如 Lee 等通过响应面法优化 *Lactobacillus brevis* DF01 产细菌素培养基，其细菌素产量提高了 4 倍；Zhou 等通过优化 *Lactobacillus lactis* Lac2 产 Nisin 培养基，最终 Nisin 的产量提高了近 2 倍，以及 Delgado 等通过优化 *Lactobacillus plantarum* 17.2b 发酵培养基显著地提高了其细菌素产量。本试验采用的响应面方法能够同时评估影响细菌素抑菌效价的各因素及相互关系，确定一个合适的培养基组分含量从而得出最高的细菌素抑菌效价。

第五章　细菌素 Plantaricin JLA-9 对蜡样芽孢杆菌芽孢的抑制机理研究

革兰氏阳性芽孢杆菌是芽孢杆菌属在自然界分布最广的一类，其中包括食源性致病菌蜡样芽孢杆菌。蜡样芽孢杆菌能够引起两种类型的食源性疾病：一种是腹泻型，主要是由于蜡样芽孢杆菌在肠道内生长产生肠毒素引起的；另一种是引起综合征，主要是由于从食物中摄入毒素引起的。细菌芽孢是一个休眠体，对热、紫外线照射、干燥、高或低 pH 处理、毒性化学药品处理及其他的环境胁迫都具有较好的抵抗性。这些特有的性质使芽孢杆菌比其他一些不产芽孢的细菌具有更好的抗逆性，能够在不同处理加工的食品中存活。灭活细菌的芽孢或者抑制芽孢的萌发及随后的生长和繁殖能够显著地降低芽孢杆菌引起的食源性疾病。芽孢萌发开始于萌发剂的添加及一系列的不需要直接代谢能力的过程，如释放 2,6-吡啶二羧酸（DPA）及芽孢核的水化等。在萌发开始后的生长过程中，包括代谢的起始及大分子物质开始合成，如果没有加入抑制物的话，随着芽孢的生长将伴随着这些过程的发生。

目前关于乳酸菌产细菌素对革兰氏阳性菌作用机理的研究已经很明确。例如 Nisin 能够在细胞膜上形成孔洞；此外，还能够发挥转糖激酶抑制剂的功能从而通过与脂双层结合和错误定位，最后破坏细胞壁的生物合成。但是目前的研究对乳酸菌产细菌素抑制芽孢萌发生长的机制还不是很清楚，已经有很多研究方法被用于研究细菌素抑制芽孢杆菌芽孢的生长，包括光谱光度测量液体培养浊度法、CFU 计数法及显微镜观察法。虽然这些方法能够提供有效的实验数据，但是不能够深入地研究细菌素对芽孢的作用机制。本试验纯化获得的细菌素 Plantaricin JLA-9 对芽孢杆菌具有很好的抑制作用，它具有应用到食品防腐保鲜中的广阔前景。

因此，本试验通过研究 Plantaricin JLA-9 是否能够通过抑制芽孢的萌发起始过程来抑制芽孢的生长，是否芽孢的萌发是 Plantaricin JLA-9 作用于芽孢所必须，以及 Plantaricin JLA-9 的作用方式是否与其他抗生素相同等方面研究了 Plantaricin JLA-9 对蜡样芽孢杆菌芽孢的作用机理，从而为进一步将 Plantaricin JLA-9 应用到食品安全生产中奠定理论基础。

第一节　研究材料与方法概论

一、试验材料

（一）菌种

蜡样芽孢杆菌（AS1.1846）。

（二）主要试剂

Sephadex LH-20（Phamarcia 公司），Sephadex G-25（Phamarcia 公司），乙腈、三氟乙酸（TFA）、甲醇均为色谱级购自 Tedia 公司；三氯化铽购自 Sigma 公司，碘化丙啶购自阿拉丁试剂公司，噻唑蓝（MTT）购自阿拉丁试剂，$DiOC_2$ 购自 Sigma 公司，其他试剂均为分析纯。

（三）培养基

乳酸菌分离培养基（MRS 培养基）：牛肉膏 10g，蛋白胨 10g，乙酸钠 5g，磷酸氢二钾 2g，柠檬酸氢铵 2g，七水硫酸镁 0.58g，四水硫酸锰 0.25g，葡萄糖 20g，吐温-80 1mL，蒸馏水 1L，pH 6.2～6.4，115℃、20min 灭菌备用，固体培养基另加

1.5%～2%的琼脂。

指示菌培养基：LB培养基：酵母粉5g，蛋白胨10g，氯化钠5g，蒸馏水1L，pH 7.0，121℃、20min灭菌备用，固体培养基另加1.5%～2%的琼脂；厌氧梭菌培养基：牛肉膏10g，蛋白胨5g，酵母粉3g，葡萄糖5g，淀粉1g，氯化钠5g，醋酸钠3g，L-半胱氨酸盐酸盐0.5g，蒸馏水1L，pH 6.8，121℃、20min灭菌备用，固体培养基另加1.5%～2%的琼脂。

乳酸菌鉴定用培养基：乳酸菌菌株鉴定所用到的培养基包括PYG培养基、精氨酸产氨培养基、产硫化氢培养基等均参照凌代文《乳酸菌分类鉴定及试验方法》配制。

（四）主要仪器

电子精密天平AY120（北京，赛多利斯天平有限公司）；全自动高压灭菌锅TOMY-SX-700（Tomy，美国）；超净工作台SW-CJ-IBU（苏州，苏净集团）；流式细胞仪BD Accuri™ C6（美国，BD公司）；多功能酶标仪Varioskan™（美国，Thermo公司）；扫描电子显微镜（荷兰，philips公司）；电热恒温培养箱（上海森信实验仪器有限公司）；海尔冰箱BCD-215YD（海尔集团）；高速离心机5418（芬兰，Eppendorf公司）；pH计Orion 3 STAR（美国，Thermo公司）；旋转蒸发仪（德国，Heidolph公司）；高效液相色谱Agilent 1 100series（美国，Agilent公司）；冷冻干燥机（德国，Christ公司）；电脑自动部分收集器DBS-100（上海，沪西分析仪器公司）；多功能摇床HYL-A（太仓，强乐实验仪器有限公司）。

二、试验方法

（一）Plantaricin JLA-9的制备

Plantaricin JLA-9的制备参照第三章中Plantaricin JLA-9分

离纯化方法。

（二）Plantaricin JLA-9 定量检测方法的建立

准确称取 1.0mg Plantaricin JLA-9 纯品，溶解于 1mL 的纯水中，配成标准母液，根据实验需要稀释成 500、250、125、62.5、31.25、15.625mg/mL 不同浓度的标准溶液，每个样品进样 3 次，由回归分析得到 Plantaricin JLA-9 的峰面积和浓度的标准曲线，求出定量限和最小检出限。以 500mg/mL 的 Plantaricin JLA-9 连续进样 5 次，测定峰面积，计算精密度。

（三）芽孢的制备

蜡样芽孢杆菌 AS 1.1846 芽孢的制备参照文献中的方法。芽孢的计数采用平板菌落计数法，芽孢的浓度约为 5.6×10^6 个/mL。

（四）蜡样芽孢杆菌最小抑菌浓度和最小抑制芽孢生长浓度的确定

1. 蜡样芽孢杆菌最小抑菌浓度（MIC）的确定　将蜡样芽孢杆菌接种到 LB 液体培养基内，置于恒温培养箱 37℃、180r/min 培养 12h 后离心收集菌体，用双蒸水洗涤 3 次，通过平板菌落计数的方法确定蜡样芽孢杆菌的浓度约为 6.4×10^6 cfu/mL。取 1mL 浓度为 2 048 细菌素用 LB 液体培养基通过二倍稀释法，分别制备出 2 048、1 024、512、256、128、64、32、16、8 九个梯度。然后以 96 孔平板上 3 个纵向平行孔作为一组，依次选择 11 组，前 10 组，取 50μL 菌体悬液分别加注到每个孔中；前 9 组每个孔中分别加注 50μL 利用 LB 液体培养基配制的细菌素二倍梯度稀释液，第 10 组孔中加注 50μL LB 液体培养基，第 11 组孔中加注 50μL 生理盐水和 50μL LB 液体培养基。然后 37℃培养 12h。待培养结束后，在每个培养孔中加注 15μL 浓度为 0.5% 红四氮唑进行染色，待出现红色时，进行观察确定其最小抑菌浓度。

2. 蜡样芽孢杆菌最小抑制芽孢生长浓度（OIC）的确定 将蜡样芽孢杆菌接种到LB液体培养基内，置于恒温培养箱37℃、180r/min培养72h后离心收集芽孢，用双蒸水洗涤离心3次，以除去多余的培养基和细胞碎片，然后80℃水浴15min，杀死营养细胞和正在萌发的芽孢，通过平板菌落计数的方法确定蜡样芽孢的浓度为5.6×10^6cfu/mL。取1mL浓度为2 048细菌素用LB液体培养基通过二倍稀释法，分别制备出2 048、1 024、512、256、128、64、32、16、8九个梯度。然后以96孔平板上3个纵向平行孔作为一组，依次选择11组，前10组，取50μL芽孢悬液分别加注到每个孔中；前9组每个孔中分别加注50μL利用LB液体培养基配制的细菌素二倍梯度稀释液，第10组孔中加注50μL LB液体培养基，第11组孔中加注50μL生理盐水和50μL LB液体培养基。然后37℃培养12h。待培养结束后，最后在每个培养孔中加注15μL浓度为0.5%红四氮唑进行染色，待出现红色时，进行观察确定其最小抑制芽孢生长浓度。

（五）芽孢萌发开始的测定

将添加了0、1/2×OIC、1×OIC和2×OIC浓度Plantaricin JLA-9处理芽孢的培养基放入96孔板中，首先检测OD_{600nm}的数值，然后在培养60min后检测OD_{600}的数值，对比前后折光性的变化。

（六）芽孢热稳定性的测定

将芽孢首先溶到含有10mM的D-丙氨酸和D-组氨酸的0.1M（pH6.8）MOPS缓冲液中，以防止芽孢继续萌发。将芽孢经过0、1/2×OIC、1×OIC和2×OIC浓度的Plantaricin JLA-9 65℃处理60min条件下处理芽孢后，通过平板计数法测定菌落总数。

（七）芽孢中2,6-吡啶二羧酸（DPA）释放的测定

将经过0、1/2×OIC、1×OIC和2×OIC浓度Plantaricin

JLA-9 分别处理 0、15、30、45、60、75、90min 的芽孢样品，利用 $Tbcl_3$（200μM）在冰浴的条件下标记 10min，然后通过检测 DPA 与铽元素之间的荧光共振能量转移情况来检测 DPA 的释放。DPA 与铽结合形成的化合物利用多功能酶标仪在 280nm 处被激发，然后在 546nm 检测。

（八）芽孢氧化代谢的测定

将经过 0、1/2×OIC、1×OIC 和 2×OIC 浓度 Plantaricin JLA-9 分别处理 0、30、60、90、120、150、180min 的芽孢样品首先溶到含有 10mM 的 D-丙氨酸和 D-组氨酸的 0.1 M（pH6.8）MOPS 缓冲液中，以防止芽孢继续萌发。然后添加 5mg/mL 的噻唑蓝（MTT）37℃培养 30min 后利用酶标仪在 570nm 条件下检测四唑转变成甲瓒的吸收值。

（九）芽孢膜完整性的检测

将经过 0、1/2×OIC、1×OIC 和 2×OIC 浓度 Plantaricin JLA-9 分别处理 30、60、90min 的芽孢样品，取出后 5 000r/min 离心 5min，用 0.02 M PBS 清洗 2 次，加入 100 uL PBS 重悬后添加 10 uL 2mg/mL PI 染料，4℃孵育 15min，通过流式细胞仪在 675nm 的发射波长条件下进行检测。

（十）芽孢膜电位的检测

将经过 0，1/2×OIC、1×OIC 和 2×OIC 浓度 Plantaricin JLA-9 分别处理 30、60、120min 的样品首先溶到含有 10mM 的 D-丙氨酸和 D-组氨酸的 0.1 M（pH6.8）MOPS 缓冲液中，以防止芽孢继续萌发。用膜电位敏感的荧光染料（$DiOC_2$，300 nM）37℃标记 30min，通过多功能酶标仪在 488nm 激发波长和 525nm 发射波长的条件下检测与芽孢膜结合的 $DiOC_2$ 荧光强度大小。

（十一）扫描电镜观察芽孢

将蜡样芽孢杆菌 AS1.1846 的芽孢首先采用双蒸水在 3 000g，5min 的条件下离心洗涤 5 次，然后将离心后得到的样品经 2.5%的戊二醛溶液固定过夜后，应用扫描电镜观察其表面结构。

（十二）数据处理

试验数据处理采用 SPSS20.0 软件，所有试验重复 3 次，结果以平均值±表示，显著性分析采用 Duncan 检验。

第二节　细菌素对蜡样芽孢杆菌芽孢的抑制机理研究

一、Plantaricin JLA-9 定量检测方法的建立

以 Plantaricin JLA-9 纯品为标准品，对 Plantaricin JLA-9 的检测方法进行了研究，结果见表 5-1，得到测定 Plantaricin JLA-9 的标准曲线为：$y=4.112x-4.2887$，$R^2=0.9903$，式中，x 为 Plantaricin JLA-9，mg/L；y 为峰面积，mAU.h。确定定量限为 9.65mg，确定最小检出量为 3.95mg，精密度为 1.742%。

表 5-1　Plantaricin JLA-9 的检测

回归方程	线性范围（mg/L）	定量限（mg）	最小检出量（mg）	精密度（n=5）
$y=4.112x-4.2887$	15.625～500	9.65	3.95	1.742%

二、芽孢的制备

由于芽孢的纯度会对其吸光度产生一定的影响，因此试验必

须获得纯净的芽孢样品，用灭菌的双蒸水对获得的芽孢进行反复洗涤，有效地清除培养基残渣和细胞碎片。由图 5-1（A）扫描电镜观察发现试验获得的芽孢较纯净，几乎没有其他的培养基杂质；由图 5-2（B）芽孢孔雀石绿染色显微镜观察发现获得的芽孢样品里不掺杂有营养菌体和其他的杂质。

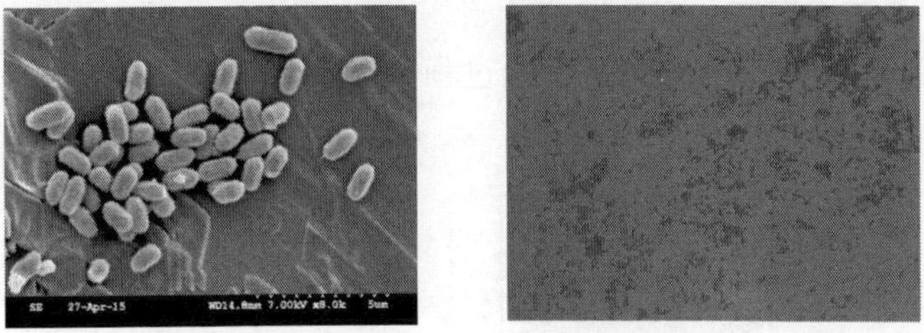

（A）　　　　　　　　（B）

图 5-1　显微镜检测芽孢纯度

(A) 芽孢扫描电镜图　(B) 孔雀石绿芽孢染色图

三、蜡样芽孢杆菌最小抑菌浓度（MIC）和最小抑制芽孢生长浓度（OIC）的确定

通过二倍稀释法确定 Plantaricin JLA-9 抑制蜡样芽孢杆菌 AS1. 1846 的最小抑菌浓度（MIC）为 16μg/mL，抑制蜡样芽孢杆菌 AS1. 1846 的最小抑制芽孢生长浓度（OIC）为 32μg/mL。相比较以前报道的 Nisin 抑制蜡样芽孢杆菌 Plantaricin JLA-9 具有更低的 MIC。OIC 测定被用于确定 Plantaricin JLA-9 是否能够抑制蜡样芽孢杆菌芽孢生长为营养细胞。基于这些结果，本试验将 32μg/mL 定义为 1×OIC 用于以下的试验。

四、Plantaricin JLA-9 对蜡样芽孢杆菌芽孢萌发开始的影响

芽孢本身具有高度的折光性，芽孢一旦萌发折光性立即随之

消失。因此，本试验首先通过检测芽孢折光率的变化来研究是否 Plantaricin JLA-9 能够抑制萌发的开始。由图 5-2 可以看出，分别添加 Plantaricin JLA-9 和 0.1M PBS 的蜡样芽孢杆菌 AS1.1846 的芽孢样品经 60min 的培养后，芽孢折光率都降低了 50%以上，即使 2×OIC 浓度的（64μg/mL）Plantaricin JLA-9 仍然不能够抑制芽孢萌发的开始。因此，Plantaricin JLA-9 不能够明显的抑制芽孢萌发的开始过程。

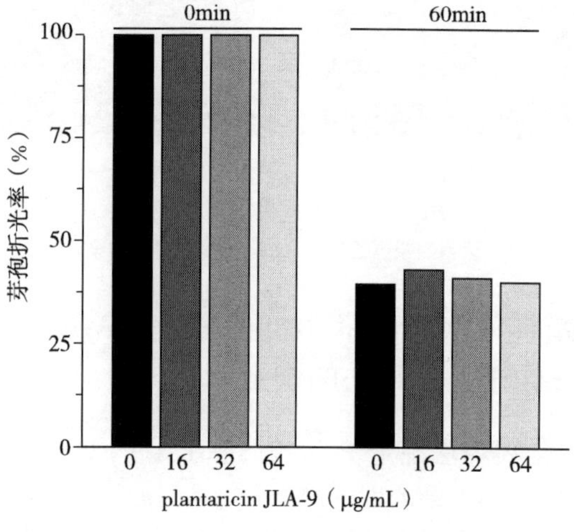

图 5-2　Plantaricin JLA-9 对芽孢折光率的影响

芽孢本身具有很高的耐热性，芽孢萌发后芽孢外壁破裂，随之耐热性消失。芽孢热稳定性的消失是芽孢萌发开始的另外一个标志，由图 5-3 可以看出芽孢经过添加 Plantaricin JLA-9 培养 65℃ 60min 处理后，大多数芽孢被杀死，与未添加细菌素的对照组相比，具有耐热性的芽孢都降低了 80%以上，因此进一步证明了 Plantaricin JLA-9 不能够抑制芽孢的萌发开始。

2,6-吡啶二羧酸（DPA）是芽孢中特有的物质，在其他生物体中均未发现，DPA 的含量占芽孢干重将近 17%，芽孢一旦萌发，DPA 就会从芽孢的结构中释放到外界环境中，从而耐热性也消失。因此可以通过检测 DPA 释放来研究 Plantaricin JLA-9 对芽孢萌发的影响。由图 5-4 可以看出，添加和未添加 Plantaricin JLA-9 的芽孢样品都检测到明显的 DPA 释放，再次说明 Plantaricin JLA-9 不能够影响芽孢萌发开始的过程，而可能是在萌发开始后的过程中杀死芽孢。

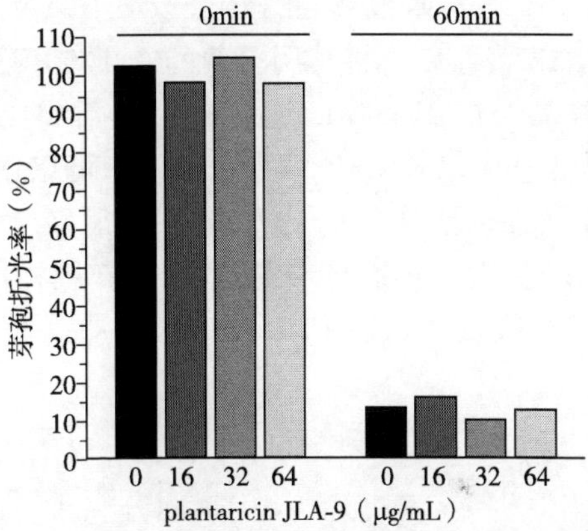

图 5-3 Plantaricin JLA-9 对芽孢热稳定性的影响

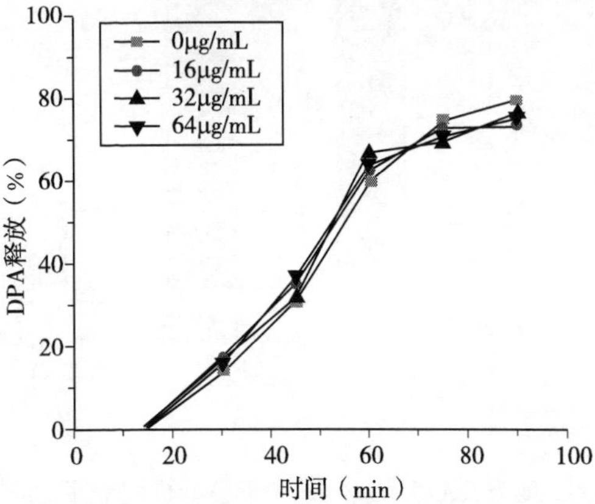

图 5-4 Plantaricin JLA-9 对芽孢 DPA 释放的影响

五、萌发开始对 Plantaricin JLA-9 作用于芽孢的影响

接下来本试验研究了萌发开始是否是 Plantaricin JLA-9 抑制蜡样芽孢杆菌芽孢长成营养菌体的必要过程。将蜡样芽孢杆菌芽孢放入不同的培养基中（分别是 LB 培养基，添加 Plantaricin JLA-9 的 LB 培养基及添加 Plantaricin JLA-9 的 PBS 缓冲液）预培养，2h 培养后再将其用灭菌的 0.1M PBS 缓冲液洗涤以除去芽孢样品中的 Plantaricin JLA-9，然后将每个处理组分别置入 LB 培养基中培养 8h。结果由图 5-5 可以得知，没有经过 Plantaricin JLA-9 预处理的的芽孢生长很好，经 Plantaricin JLA-9 预处理的芽孢，再进行培养几乎没有菌体生长。这些结果说明只有芽孢萌发开始后 Plantaricin JLA-9 才能将正在生长的芽孢杀死。

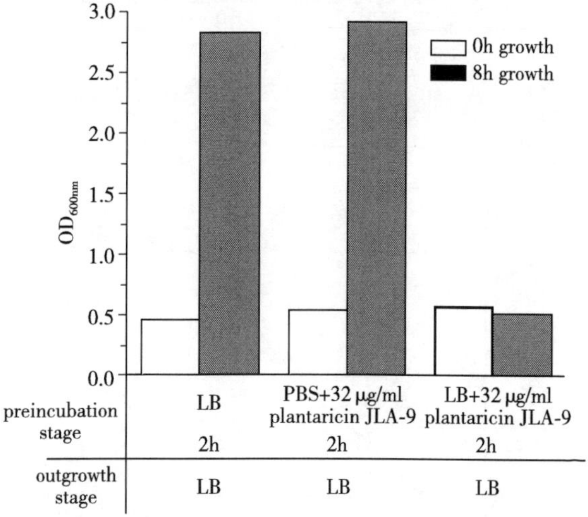

图 5-5　萌发开始对 Plantaricin JLA-9 作用于芽孢的影响

六、Plantaricin JLA-9 对蜡样芽孢杆菌芽孢生长的影响

将蜡样芽孢杆菌芽孢培养于含有不同浓度 Plantaricin JLA-9 的 LB 培养基中，检测芽孢是否能够发展成为营养菌体。由图 5-6 可以看出，每一组芽孢都迅速的开始萌发，1h 后 OD_{600nm} 值不再下降，说明芽孢的萌发开始已经完全结束。然而，在添加 1×OIC 和 2×OIC 浓度（32μg/mL 和 64μg/mL）Plantaricin JLA-9 条件下，芽孢不能生长成营养菌体。相反，在未添加 Plantaricin JLA-9 的条件下，芽孢都明显的长成了营养菌体。在 1/2×OIC 浓度 Plantaricin JLA-9 条件下（16μg/mL），芽孢也能一定程度的长成菌体。因此，Plantaricin JLA-9 能够抑制芽孢的生长，并且 32μg/mL 被确定为抑制蜡样芽孢杆菌芽孢长成营养菌体的最低浓度。

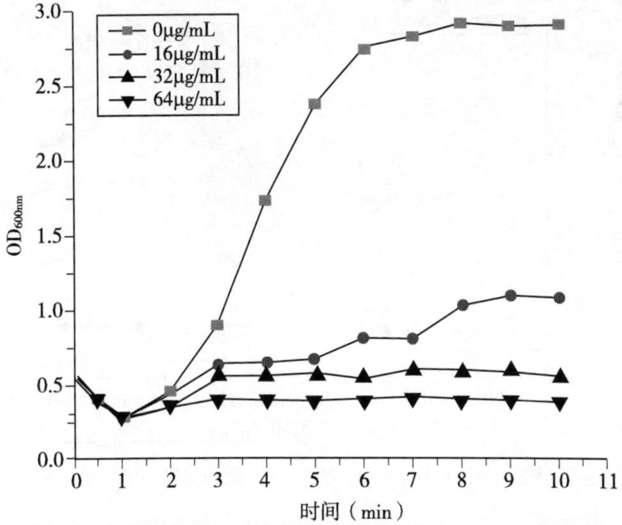

图 5-6　Plantaricin JLA-9 对 *B. cereus* 芽孢萌发和生长的影响

七、Plantaricin JLA-9 对蜡样芽孢杆菌芽孢萌发代谢活性的影响

未萌发的芽孢几乎没有任何代谢活动。芽孢的生长能够被 Plantaricin JLA-9 抑制，可能是由于萌发芽孢的代谢活性被破坏。本试验利用 MTT 法研究 Plantaricin JLA-9 是否抑制萌发芽孢的代谢活性。由图 5-7 可以看出，在萌发过程中添加 1×OIC 和 2×OIC（32μg/mL 和 64μg/mL）浓度 Plantaricin JLA-9，检测不到甲瓒的生成，而在未添加 Plantaricin JLA-9 时，甲瓒的生成量比较明显。这些结果表明 Plantaricin JLA-9 能够抑制蜡样芽孢杆菌芽孢萌发的代谢活性。

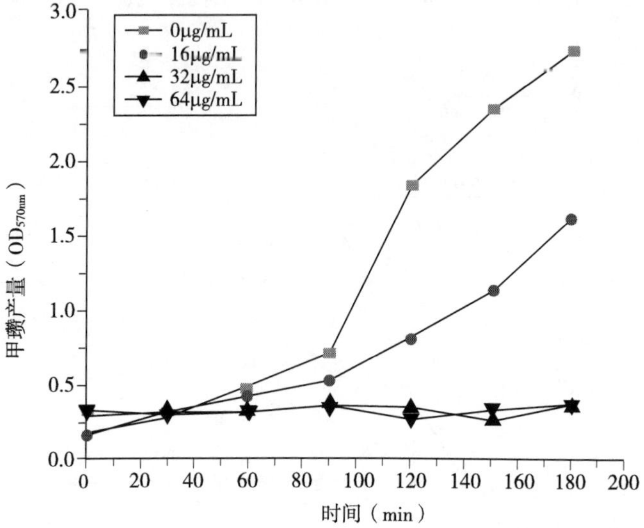

图 5-7　Plantaricin JLA-9 对 *B. cereus* 芽孢氧化代谢活性的影响

八、Plantaricin JLA-9 对蜡样芽孢杆菌芽孢萌发膜完整性的影响

芽孢氧化代谢活性的破坏可能是因为芽孢膜完整性被破坏。本试验应用流式细胞仪通过检测 PI 的染色程度研究 Plantaricin JLA-9 对蜡样芽孢杆菌芽孢萌发膜完整性的影响。PI 不能穿越完整的细胞膜，但是能够穿越破损的细胞膜进入细胞内对细胞核染色。由图 5-8 和图 5-9 可知不同浓度 Plantaricin JLA-9 对芽孢膜完整性的破坏程度不同。

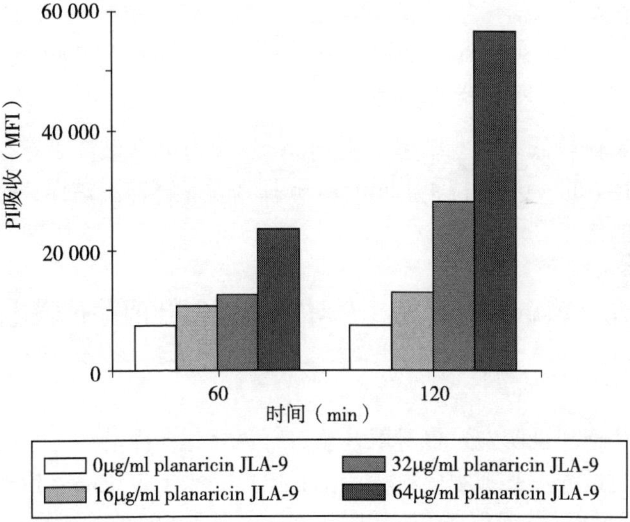

图 5-8 Plantaricin JLA-9 对 *B. cereus* 芽孢膜完整性的影响

随着浓度的增加以及处理时间的延长，细胞膜损伤加剧，经过 120min 的处理后，添加 1×OIC 和 2×OIC 浓度（32μg/mL 和 64μg/mL）Plantaricin JLA-9 条件下，PI 的吸收量明显地增加，而在萌发的过程中未添加 Plantaricin JLA-9 条件下，PI 的

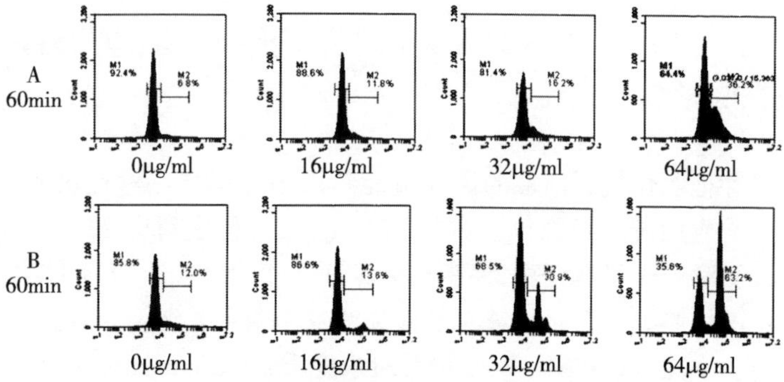

图 5-9　*B. cereus* 芽孢膜完整性变化的流式细胞分析图

(A) *B. eereus* spores treated with different concentrations (0 to 64μg/mL) of plantarcin JLA-9 for 60min by measuring the PI uptake by flow cytometry　(B) *cereus* spores treated with different concentrations (0 to 64μg/mL) of plantaricin JLA-9 for 120 min by measuring the PI uptake by flow cytometry.

吸收量比较低，这些结果说明 Plantaricin JLA-9 破坏了芽孢膜的完整性，进一步支持了 Plantaricin JLA-9 能够抑制蜡样芽孢杆菌生长的结果。

九、Plantaricin JLA-9 对蜡样芽孢杆菌芽孢膜电位的影响

芽孢一旦萌发，自身就开始进行氧化代谢活动，一旦发生氧化代谢过程，其细胞膜就会产生膜电位。膜电位越高，检测到的染料 $DiOC_2$ 荧光值越高。由图 5-10 可以看出，经过 Plantaricin JLA-9 处理的芽孢，其膜电位随着 Plantaricin JLA-9 的作用浓度和作用时间的增加而降低。因此，结果表明，Plantaricin JLA-9 在芽孢萌发后作用于细胞膜抑制其形成膜电位，从而抑制了芽孢的生长。

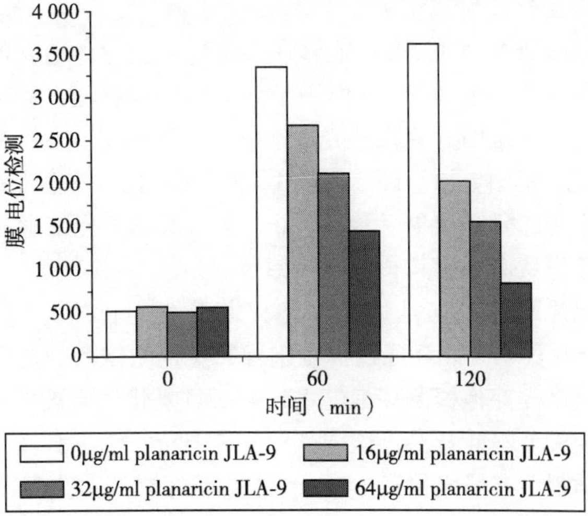

图 5-10 Plantaricin JLA-9 对 *B. cereus* 芽孢膜电位的影响

第三节 结果与讨论

研究发现乳酸菌细菌素能够抑制芽孢杆菌芽孢的生长已经有几十年的历史，然而，关于细菌素抑制芽孢生长的作用方式还没有被深入详细地研究。本研究以蜡样芽孢杆菌作为研究模型，研究了 Plantaricin JLA-9 抑制芽孢生长的作用方式。基于本试验研究结果，发现在萌发开始的 1h 内，Plantaricin JLA-9 不能够对芽孢产生作用。这些结果与以前的研究结果 Nisin 不能抑制芽孢的萌发开始是相一致的。因此，蜡样芽孢杆菌芽孢不能长成营养细胞，不是因为 Plantaricin JLA-9 可以抑制芽孢的萌发，而可能是由于 Plantaricin JLA-9 杀死了正在萌发的芽孢。在本试验研究中，Plantaricin JLA-9 不能够影响芽孢折光率、热稳定性及 DPA 释放的变化，这与 Nisin 的研究结果是一致的。以前关于 Subtilin 的研究表明，它也是能够抑制芽孢的生长，但是不能抑制芽孢萌发的开始。

以前的研究表明 Nisin 能够在一定程度上导致萌发的芽孢失活，且萌发开始也是 Nisin 作用于芽孢的必须过程。芽孢对细菌素抗性的消失是因为芽孢外壳的水解。芽孢皮层、芽孢外壳和菌体的细胞膜相比更加坚硬，因此 Plantaricin JLA-9 很难对芽孢起到破坏作用。研究结果显示，Plantaricin JLA-9 只能通过抑制萌发后的芽孢从而抑制其长成营养菌体。

氧化代谢的建立是蜡样芽孢杆菌芽孢生长所必须的过程。Plantaricin JLA-9 能够通过抑制这种氧化代谢体系的建立从而迅速地抑制蜡样芽孢杆菌芽孢的生长。一旦氧化代谢被抑制，则细胞壁的合成就不能开始，这样就促进了 Plantaricin JLA-9 对芽孢生长的抑制。有研究报道，Nisin 能够破坏炭疽芽孢杆菌芽孢的氧化代谢活动从而抑制芽孢的生长。相反，被用于治疗炭疽芽孢杆菌感染的 Ciproflllloxacin 就不能通过破坏正在萌发的芽孢的氧化代谢对芽孢的生长起到抑制作用。本试验结果表明，氧化代谢活动的抑制是 Plantaricin JLA-9 抑制蜡样芽孢杆菌芽孢生长的重要因素。

正在萌发的芽孢氧化代谢的建立被抑制可能与芽孢膜完整性破坏有关。根据本试验研究发现 PI 吸收明显的增加，芽孢的生长则被抑制且芽孢不能够建立完整的氧化代谢。这些结果与以前报道的 Nisin 通过破坏芽孢膜的完整性抑制芽孢生长的研究结果是一致的。此外，细菌素破坏膜形成的孔洞还会导致一些离子的流失从而影响芽孢膜电位的建立。考虑到芽孢与营养菌体的结构不同，所以细菌素对它们的抑制机制可能也不相同。例如，有报道，Nisin 第五个位置上脱氢丙氨酸对抑制芽孢杆菌芽孢的生长具有重要的作用，但是这个脱氢的氨基酸残基对抑制芽孢杆菌菌体却不是必需的。此外，一个缺失 D 和 E 环的 Nisin 突变体不能够破坏细胞膜的完整性及膜电位，但是这种突变株还保留着抑制枯草芽孢杆菌芽孢的能力。这些结果表明，除了破坏膜结构，可能还有其他的作用方式（如抑制细胞壁的生物合成等）用来抑制芽孢杆菌芽孢的生长。因此，关于细菌素的残基对于芽孢抑制的结构活性的研究仍将是未来的一个重要研究方向。

本试验研究发现 Plantaricin JLA-9 能够对正在萌发的芽孢发展成为营养细胞之前杀死萌发的芽孢。这种作用机制与一些常用的抗生素的作用机制不同，例如，Ciprofloxaxin 的作用机制需要细胞处在分裂的过程中，且其对正在萌发的芽孢也没有抑制作用。因此，Plantaricin JLA-9 作为生物防腐剂在易被芽孢杆菌污染的食品中具有潜在的应用价值。

第六章　基于转录组学的 Plantaricin JLA-9 抑制蜡样芽孢杆菌机理研究

蜡样芽孢杆菌是能够引起呕吐或者腹泻症状食物中毒的革兰氏阳性芽孢杆菌。呕吐综合征是由于摄食了呕吐毒素 Cereulide 污染的食物，而腹泻综合征是由于蜡样芽孢杆菌在肠道内产生的肠毒素引起的。蜡样芽孢杆菌能够在低温和低 pH 的食品保藏条件下生存，而且产肠毒素的蜡样芽孢杆菌菌株还能够通过胃液消化进入人体肠道。因此，本试验研究 Plantaricin JLA-9 对蜡样芽孢杆菌的抑菌机制有助于为细菌素在食品防腐保鲜中的应用奠定理论基础。

由乳酸菌产的细菌素目前已经开始用于食品防腐保鲜中，例如 Nisin 和 Pediocin PA-1 已经有商品化的产品在销售使用。过去几十年里人们关于细菌素抑制细菌生长的几种作用机制目前已经被阐明，包括在微生物细胞膜上形成孔洞，导致细胞内物泄露，导致细胞死亡；能够产生细胞壁水解酶，从而裂解菌体以及抑制细胞壁的合成导致菌体死亡等。但是，从分子水平上研究细菌素对微生物的作用机制还较少。因此，本试验选用蜡样芽孢杆菌作为模式菌，研究本试验分离纯化获得的细菌素 Plantaricin JLA-9 对蜡样芽孢杆菌的作用机制。目前许多芽孢杆菌的全基因组已经被测序，这些为芽孢杆菌的信号转导机制研究提供了大量的信息。芽孢杆菌对于外界不良环境导致的应急机制已经研究得比较深入，一旦遇到外界威胁，为了维持细胞正常生长，芽孢杆菌会通过调控细胞内的碳氮平衡、金属离子平衡、细胞膜保护机制、氧化呼吸代谢等防止细胞遭到伤害，而关于这些调节机制的调控基因研究已经详细。例如，芽孢杆菌有多个与保护细胞膜有

关的 *Sig* 因子（*SigM*、*SigW*、*SigX*、*SigB* 及 *SigY* 等）。

本试验之前纯化获得的细菌素 Plantaricin JLA-9 对食源性的腐败及致病芽孢杆菌具有广谱的抑制作用。本章试验以食品中常见的食源性致病菌蜡样芽孢杆菌作为研究菌株，通过基于 HiSeq 技术的转录组学方法分析研究 Plantaricin JLA-9 抑制蜡样芽孢杆菌生长的分子机制，最后通过 RT-PCR 验证转录组学测序分析结果。

第一节　研究材料与方法概论

一、试验材料

（一）菌种

蜡样芽孢杆菌（AS1.1846）。

（二）主要试剂

细菌总 RNA 提取试剂盒购自北京百泰克生物公司，SYBR Premix ExTaqTMII 试剂盒购自大连宝生物公司，cDNA 第一链合成试剂盒购自南京诺唯赞生物公司，其他试剂均为分析纯。

（三）培养基

乳酸菌分离培养基（MRS 培养基）：牛肉膏 10g，蛋白胨 10g，乙酸钠 5g，磷酸氢二钾 2g，柠檬酸氢铵 2g，七水硫酸镁 0.58g，四水硫酸锰 0.25g，葡萄糖 20g，吐温-80 1mL，蒸馏水 1L，pH 6.2～6.4，115℃、20min 灭菌备用，固体培养基另加 1.5%～2%的琼脂。

指示菌培养基：LB 培养基：酵母粉 5g，蛋白胨 10g，氯化钠 5g，蒸馏水 1L，pH 7.0，121℃、20min 灭菌备用，固体培养基另加 1.5%～2%的琼脂；厌氧梭菌培养基：牛肉膏 10g，蛋白胨 5g，酵母粉 3g，葡萄糖 5g，淀粉 1g，氯化钠 5g，醋酸钠

3g，L-半胱氨酸盐酸盐 0.5g，蒸馏水 1L，pH 6.8，121℃、20min 灭菌备用，固体培养基另加 1.5%～2%的琼脂。

乳酸菌鉴定用培养基：乳酸菌菌株鉴定所用到的培养基包括 PYG 培养基、精氨酸产氨培养基、产硫化氢培养基等均参照凌代文《乳酸菌分类鉴定及试验方法》配制。

（四）主要仪器

电子精密天平 AY120（北京，赛多利斯天平有限公司）；全自动高压灭菌锅 TOMY-SX-700（Tomy，美国）；超净工作台 SW-CJ-IBU（苏州，苏净集团）；电热恒温培养箱（上海，森信实验仪器有限公司）；海尔冰箱 BCD-215YD（青岛，海尔集团）；高速离心机 5418（芬兰，Eppendorf 公司）；pH 计 Orion 3 STAR（美国，Thermo 公司）；旋转蒸发仪（德国，Heidolph 公司）；冷冻干燥机（德国，Christ 公司）；多功能摇床 HYL-A（太仓，强乐实验仪器有限公司）；荧光定量 PCR 仪 StepOne-Plus^{TM}（美国，AB 公司）；PCR 仪 PTC-100TM（美国，Thermo 公司）；PowPac^{TM} HC164-5 052 高电流电泳仪（美国，Bio-Rad 生命医学有限公司）；全自动数码凝胶成像分析仪 JS-380C（上海，培清科技有限公司）。

二、试验方法

（一）Plantaricin JLA-9 的制备

Plantaricin JLA-9 的制备参照第三章中 Plantaricin JLA-9 分离纯化方法。

（二）菌液样品的制备

将斜面保存的蜡样芽孢杆菌 AS1.1846 接种到 30mL LB 液体培养基中培养 8h 后将其转入 100mL 液体培养基中 37℃，

180r/min 培养至对数生长期（OD 值约为 0.5，菌体浓度约为 10^6cfu/mL），然后参照文献选用细菌素添加浓度（1/2×MIC），即每瓶菌液细菌素的添加终浓度为 8μg/mL，对照组加入同样体积的水作对照。作用时间为 2h，然后 3 000r/min 离心 10min，收集菌体，最后迅速加入液氮研磨提取总 RNA。

（三）总 RNA 提取

将离心收集得到的菌体，迅速用液氮研磨完全后加入 RNAExtractor 裂解液，裂解后的菌体在室温条件下静置 10min，使核蛋白和核酸完全分离。之后加入 0.2mL 的氯仿，漩涡震荡 15s，室温放置 3min，12 000r/min 离心 10min。离心后的样品会分为 3 层，吸取上层水相 600μL 放入一个新的 RNase-free 离心管中，再加入 600μL 的异丙醇，混合均匀后，室温放置 20min。然后 12 000r/min 离心 10min 后弃上清，加入 1mL 75% 的乙醇洗涤沉淀，再 12 000r/min 离心 3min 后弃上清，室温干燥 10min。最后加入 50μL RNase-free ddH_2O，充分溶解之后放置于－70℃ 冰箱保存。RNA 检测首先通过 Nano Drop 测定 RNA 浓度，然后通过琼脂糖凝胶电泳观察 RNA 条带。

（四）转录组测序

将经过细菌素 Plantaricin JLA-9 处理的蜡样芽孢杆菌总 RNA 和对照组蜡样芽孢杆菌总 RNA 送至华大基因进行基于 HiSeq 技术的转录组测序。具体转录组测序步骤：首先将蜡样芽孢杆菌的总 DNA 使用 DNAase 除去 DNA 后，应用试剂盒除去 rRNA 得到纯化的 mRNA，然后加入打断试剂置于 Thermomixer 中，在合适的温度条件下将 mRNA 打断成短片段，将断裂的短片段 mRNA 为模板合成第一链 cDNA 之后配成二链合成体系合成二链 cDNA，通过试剂盒纯化回收、黏性末端修复、cDNA 的 3' 末端加上碱基 A 并连接接头之后进行片段大小选择，最后进行 PCR 扩增；将构建好的文库经检测合格后，使用 Illumina HiSeq™ 2 000 测序仪进行测序。

（五）转录组测序数据分析

将 Illumina HiSeq™ 2 000 测序得到的数据 Raw reads 进行质量分析，合格的数据才才能够用于下一步分析。将合格的数据经过滤的 Clean reads 用 SOA paligner/SOAP2 将 Clean reads 比对到参考序列。由于本试验使用菌株蜡样芽孢杆菌 AS1.1846 没有经过全基因测序，经数据库基因组比对发现，蜡样芽孢杆菌 AS1.1846 基因组与蜡样芽孢杆菌 Q1 的基因组相似性较高，匹配度达到 98%左右，因此本试验选择蜡样芽孢杆菌 Q1 作为参考基因组序列。将比对后的 Reads 在参考基因组上的分布情况及覆盖率进行统计后通过基因表达分析结果中筛选出样品间的差异表达基因。

（六）转录组数据荧光定量 PCR 验证

1. 菌体样品制备 将斜面保存的蜡样芽孢杆菌 AS1.1846 接种到 30mL LB 液体培养基中培养 8h 后将其转入 100mL 液体培养基中 37℃，180r/min 培养至对数生长期（OD 值约为 0.5，菌体浓度约为 10^6 cfu/mL），然后参照文献选用细菌素添加浓度（1/2×MIC），即每瓶菌液细菌素的添加终浓度为 8μg/mL，对照组加入同样体积的水作对照。作用时间为 2h，然后 3 000r/min 离心 10min，收集菌体，最后迅速加入液氮研磨提取总 RNA。

2. 菌体总 RNA 提取 将离心收集得到的菌体，迅速用液氮研磨完全后加入 RNAExtractor 裂解液，裂解后的菌体在室温条件下静置 10min，使核蛋白和核酸完全分离。之后加入 0.2mL 的氯仿，漩涡震荡 15s，室温放置 3min，12 000r/min 离心 10min。离心后的样品会分为 3 层，吸取上层水相 600μL 放入一个新的 RNase-free 离心管中，再加入 600μL 的异丙醇，混合均匀后，室温放置 20min。然后 12 000r/min 离心 10min 后弃上清，加入 1mL 75% 的乙醇洗涤沉淀，再 12 000r/min 离心 3min 后弃上清，室温干燥 10min。最后加入 50μL RNase-free ddH_2O，充分溶解之后放置于－70℃冰箱保存。RNA 检测首先通过 Nano Drop 测定 RNA 浓度，然后通过琼脂糖凝胶电泳观察 RNA 条带。

3. 引物设计　本文选择了转录组中上调或者下调的个基因做 RT-PCR 验证，采用 Primer 5 设计的引物见表 6-1。

表 6-1　RT-PCR 引物

引物	基因	序列（5，-3，）	参照
fbaA _ F	*fbaA*	ACGTATAACGCCCTGCAAGA	本文
fbaA _ R	*fbaA*	CAACGCCTCTTTCACATTCA	本文
sucC _ F	*sucC*	GAACGGGAAGGTTGCATTTA	本文
sucC _ R	*sucC*	GTCCACCAGCGTGAATTTG	本文
sdhC _ F	*sdhC*	ACCGTAAGAAACCGCATTGT	本文
sdhC _ R	*sdhC*	ACCGTAAGAAACCGCATTGT	本文
gap _ F	*gap*	TGCTTGCGGACAATCAATTA	本文
gap _ R	*gap*	ACGTTTGGTGTTGGTACACG	本文
mdh _ F	*mdh*	TGACAGATGGAACGGCTGTA	本文
mdh _ R	*mdh*	TGCATCTACACCAGCAAAGC	本文
mmgC _ F	*mmgC*	CCGGCTGAGAATTTACTTGG	本文
mmgC _ R	*mmgC*	TCGCATAATCAATCGCACAT	本文
atoB _ F	*atoB*	GTGCAGACGGAAACAGTGAA	本文
atoB _ R	*atoB*	TCATCGACTCCATACCACCA	本文
glsA _ F	*glsA*	AATTTGCGATTCGTGTTGGT	本文
glsA _ R	*glsA*	CGTTTGCATCTAAAGCTGGTC	本文
gdhA _ F	*gdhA*	GGCATGGATGATGGATGAGT	本文
gdhA _ R	*gdhA*	CTTTCGCTGTTGCTGTTTCA	本文
rocF _ F	*rocF*	GGGCATATCCAAAGGTGAAA	本文

（续）

引物	基因	序列（5，-3，）	参照
rocF _ R	*rocF*	CCCATACGATCAATCTCGTG	本文
sigF _ F	*sigF*	AACCTCAGTTAAAGGACCACGA	本文
sigF _ R	*sigF*	ACAACCGACCATACGAGACG	本文
spo0A _ F	*spo0A*	ATGTTGACAGCGTTTGGACA	本文
spo0A _ R	*spo0A*	CCGCTCACTTGACGAATATG	本文
spoIIAA _ F	*spoIIAA*	AGGGATTAGGTGGAGAAATGG	本文
spoIIAA _ R	*spoIIAA*	CATGCGCTTCACTTTCTTCTAA	本文
spoIVA _ F	*spoIVA*	GCTCTGCGTATGGTCAAACA	本文
spoIVA _ R	*spoIVA*	CACCAAATCTTGAACCGTGA	本文
cotH _ F	*cotH*	AGCTCTTTGCGGGTTATGAA	本文
cotH _ R	*cotH*	AACGCCAGCTAACCATCGTA	本文
sigW _ F	*sigW*	CAGGTGTCCATGATAGGTATGAC	本文
sigW _ R	*sigW*	CTTCCCACGAGAAATTCGAT	本文
fabG _ F	*fabG*	TTAGCGAAAGAGGGCGTAAA	本文
fabG _ R	*fabG*	AGAAACATCAGCAGTCGCAAT	本文
ctaE _ F	*ctaE*	ATTTCTTGGAGGCGAAACAG	本文
ctaE _ R	*ctaE*	AAACGAGTGGCATTTGGAAC	本文
kch _ F	*kch*	ATTACAACGGCACACACCAT	本文
kch _ R	*kch*	GCAGTGAATGTTTGGGTTGA	本文
czcD _ F	*czcD*	TTGAAGCAATTCGCCGTTT	本文
czcD _ R	*czcD*	TCACATCTCCGCCTCTCATT	本文
rpsU _ F	*rpsU*	AAGATCGGTTTCTAAAACTGGTACA	
rpsU _ R	*rpsU*	TTTCTTGCCGCTTCAGATTT	

4. 反转录合成 cDNA 按照反转录试剂盒的方法进行。20μL反转录体系组成：1μL random hexamers（50 ng/μL）Taq、2μL HiScript™Enzyme Mix、100ng RNA、10μL 2×RT Mix，用 Rnase-free H_2O 补到 20μL 后混匀。反转录条件为：25℃ 10min；第二步

50℃ 5min；第三步 85℃ 5min。

5. RT-PCR 试验　RT-PCR 的反应体系如下：SYBR Premix Ex Taq，10μL；cDNA 模板，2μL；正向引物，0.4μL；反向引物，0.4μL；灭菌 dd H_2O，7.2μL；总计 20μL。将反应体系充分混合后，放入荧光定量 PCR 仪中进行扩增，扩增程序为：95℃ 30s，40 个循环：95℃ 5s，60℃ 15s，72℃ 10s，共进行 40 个循环。以蜡样芽孢杆菌 *rpsU* 基因作为内参基因，基因表达水平用$^{\triangle\triangle}$CT 法表示。

第二节　基于转录组学的细菌素抑制蜡样芽孢杆菌机理研究

一、蜡样芽孢杆菌 RNA 提取电泳结果

蜡样芽孢杆菌 RNA 电泳结果见图 6-1。16S RNA 和 23S RNA 条带亮度接近，因此表明 RNA 提取的效果较好，浓度达到后续转录组测序分析要求。

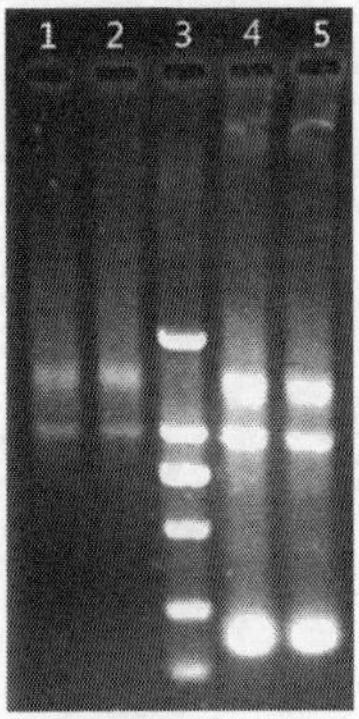

图 6-1　RNA 电泳结果

1. 2. 8μg/mL 细菌素 PlantaricinJLA-9 处理 2 个小时样品

3. marker　4、5. 对照组

二、细菌素 Plantaricin JLA-9 对蜡样芽孢杆菌 AS 1.1846 生长的抑制作用

本试验研究了细菌素 Plantaricin JLA-9 1/2×MIC（8μg/mL）添加量对蜡样芽孢杆菌生长的抑制效果。由图 6-2 可知，经过细菌素 Plantaricin JLA-9 处理后蜡样芽孢杆菌的生长受到了明显的抑制。相反，没有添加细菌素处理的空白组，蜡样芽孢杆菌可以正常的生长。通过扫描电镜观察经过 1/2×MIC（8μg/mL）细菌素 Plantaricin JLA-9 处理 2h 后的蜡样芽孢杆菌菌体形态。未经细菌素处理的菌体细胞膜完整，边缘平滑，具有均匀的细胞质结

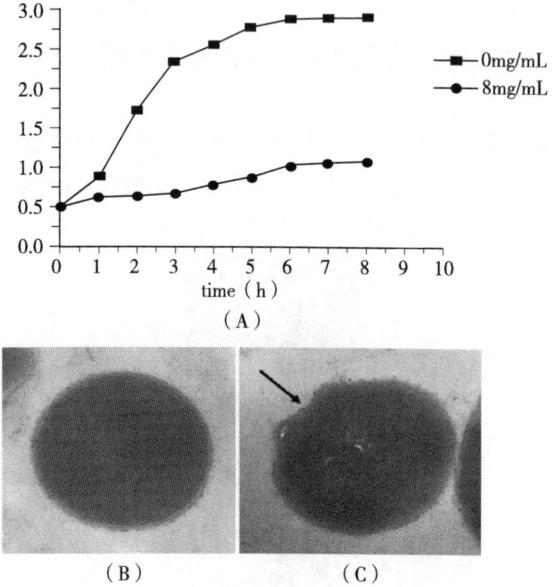

图 6-2 Plantaricin JLA-9 对蜡样芽孢杆菌生长的抑制作用

A. Plantaricin JLA-9 对蜡样芽孢杆菌生长曲线的影响

B. 未经处理蜡样芽孢杆菌菌体的透射电镜图

C. 8μg/mL Plantaricin JLA-9 处理 2h 后蜡样芽孢杆菌菌体的透射电镜图

构。然而，经过细菌素处理后，菌体细胞呈现不规则的细胞形态，表面坍塌、裂解及细胞膜变得不完整。这些结果表明细菌素 Plantaricin JLA-9 能够有效地抑制蜡样芽孢杆菌的生长。接下来通过基于 RNA-seq 技术的转录组学手段研究细菌素 Plantaricin JLA-9 抑制蜡样芽孢杆菌生长的分子机制。

三、细菌素 Plantaricin JLA-9 处理后蜡样芽孢杆菌的转录变化

经过细菌素 Plantaricin JLA-9 处理 2h 后，蜡样芽孢杆菌 AS 1.1846 总共有 1 482 个基因的表达变化大于 2 倍，其中 772 个基因发生明显的上调，710 个基因发生明显的下调。根据不同的代谢类别对这些功能基因进行分类，见图 6-3。与氨基酸合成代谢、环境交互作用及中心代谢相关的基因主要是发生明显的上调。而与次级代谢、氨基酸的生物合成代谢及细胞毒性降解相关基因则在下调的基因里占了比较大的比例。

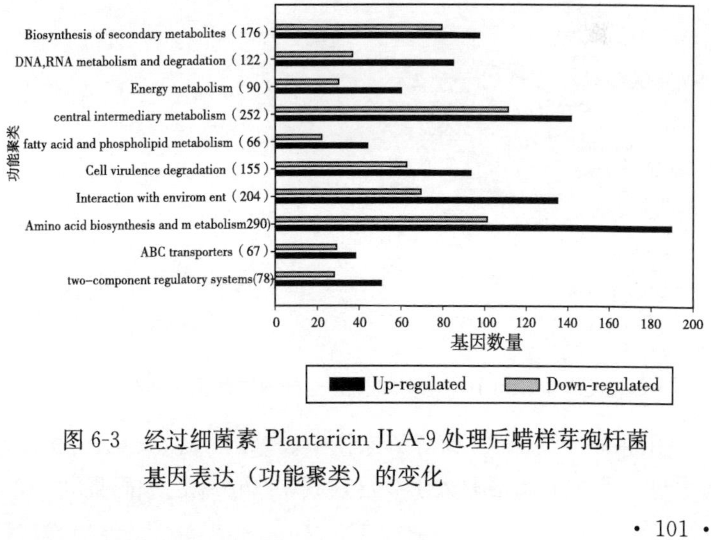

图 6-3　经过细菌素 Plantaricin JLA-9 处理后蜡样芽孢杆菌基因表达（功能聚类）的变化

四、细菌素 Plantaricin JLA-9 对蜡样芽孢杆菌 AS 1.1846 碳代谢的影响

蜡样芽孢杆菌经细菌素 Plantaricin JLA-9 处理后有 1 400 多个基因发生明显的上调或下调，其中大部分与细胞代谢功能有关，包括糖酵解及三羧酸循环的能量代谢、金属离子转运途径、细胞膜保护机制以及核酸代谢等。由于细菌素 Plantaricin JLA-9 对蜡样芽孢杆菌的生长具有抑制作用，首先研究细菌素 Plantaricin JLA-9 对蜡样芽孢杆菌碳代谢的影响。

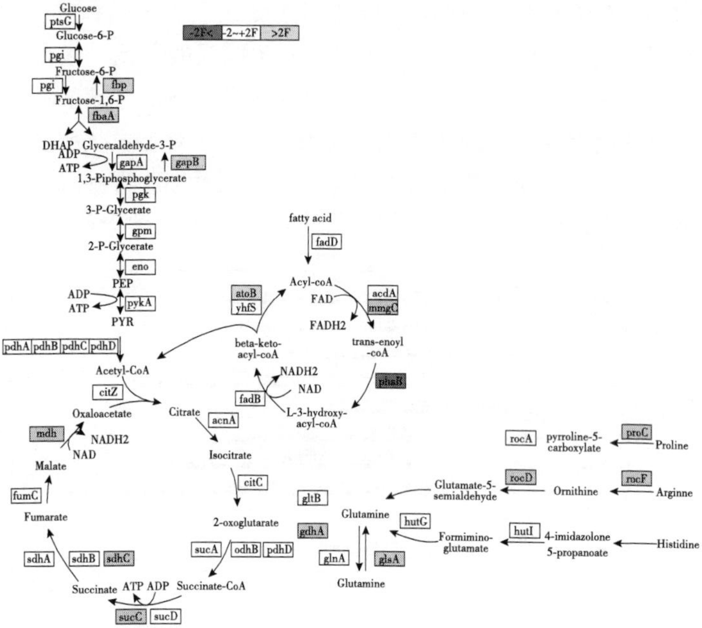

图 6-4　Plantaricin JLA-9 对蜡样芽孢杆菌碳代谢和氮代谢的影响

由图 6-4 可知，在糖酵解途径中，基因 *fbp*、*fbaA* 和 *gapB* 都明显上调，上调倍数大于 2 倍，其中 *fbp* 基因编码果糖 1,6 二

磷酸酶，催化 1,6-二磷酸果糖合成 6-磷酸果糖；*gapB* 基因编码 3-磷酸甘油醛脱氢酶，催化 1,3-二磷酸甘油酸合成 3-磷酸甘油醛，这些步骤的增强促进糖酵解途径向糖异生的方向进行，从而减少能量利用。而在三羧酸循环中，基因 *sucC*、*sdhC* 和 *mdh* 都明显上调，上调倍数大于 2 倍，*sucC*、*sdhC* 和 *mdh* 基因分别编码琥珀酰辅酶 A 合成酶、琥珀酰脱氢酶及苹果酸脱氢酶，这些基因分别催化琥珀酰 CoA 合成琥珀酸、琥珀酸合成延胡索酸、苹果酸合成草酰乙酸，说明经过细菌素 Plantaricin JLA-9 处理后，蜡样芽孢杆菌的三羧酸循环代谢增强。这种代谢活性的增强可能为了防止细菌素 Plantaricin JLA-9 对菌体细胞的伤害而产生更多的能量形成防御机制。

五、细菌素 Plantaricin JLA-9 对蜡样芽孢杆菌 AS 1.1846 脂肪酸代谢的影响

脂肪酸氧化是一些细菌获取能量的主要途径，脂肪酸氧化产生的乙酰-CoA 可以经过三羧酸循环途径为生物体产生能量。由图 6-4 可知，蜡样芽孢杆菌经细菌素 Plantaricin JLA-9 处理后脂肪酸 β-氧化途径增强，基因 *mmgC* 和 *atoB* 都明显上调，*mmgC* 基因和 *atoB* 基因分别编码脂肪酰辅酶 A 脱氢酶和乙酰-CoA 乙酰转移酶，虽然代谢途径中编码烯酰-coa 水合酶的 *phaB* 基因发生下调，但是上调的基因多于下调的基因，本试验总体还是认为整个 β-氧化途径被增强，后面的试验会对这些变化明显的基因进行 RT-PCR 验证，以消除测序数据可能带来的误差。

六、细菌素 Plantaricin JLA-9 对蜡样芽孢杆菌 AS 1.1846 氨基酸代谢的影响

微生物体内多余的氨基酸可以被贮存利用，多余的氨基酸可

以转化为常见的代谢中间体，例如，丙酮酸及 α-酮戊二酸等。这样氨基酸也可以作为代谢产生能量过程的底物燃料。本试验主要研究细菌素 Plantaricin JLA-9 对蜡样芽孢杆菌体内氨基酸通过 α-酮戊二酸途径进入三羧酸循环的代谢过程的影响。由图 6-4 可知，在 α-酮戊二酸途径中的 *proC*、*rocF* 和 *glsA* 基因都显著上调，上调大于 2 倍，这 3 个基因分别编码吡咯啉-5-羧酸还原酶，精氨酸酶和谷氨酰胺酶，它们分别促进脯氨酸、精氨酸和谷氨酰胺分别代谢合成谷氨酸。而由图 6-4 中可知，α-酮戊二酸途径中的 *gdhA* 基因也明显上调，上调大于两倍，该基因编码谷氨酸脱氢酶能够催化谷氨酸合成 α-酮戊二酸进入到三羧酸循环中，从而通过该途径将氨基酸代谢与三羧酸循环联系起来促进能量的代谢合成。

七、细菌素 Plantaricin JLA-9 对蜡样芽孢杆菌 AS 1. 1846 芽孢形成的影响

由表 6-2 可知，芽孢形成重要的调控基因 *sigE*、*sigF*、*sigK* 和 *sigG* 的表达都明显的下调，下调倍数都超过 2 倍，而在芽孢形成不同阶段的许多芽孢形成基因也都明显的下调，说明芽孢形成调控受到了抑制。基因 *spo0A* 是芽孢形成过程中最重要的调控基因，但是本试验的结果中它的下调并没有超过 2 倍，但是它所调控的基因发生了明显的下调，如 *spoIIE* 基因受到 *Spo0A* 的调控，其编码一个双功能蛋白磷酸酶，这个双功能蛋白酶在母细胞的不对称分离和 δF 活化中都发挥着重要作用，该基因在本试验中其下调了 3. 54 倍，*racA* 基因也受 *Spo0A* 的调控，这个基因与轴丝的形成相关，在本试验中其下调了 2. 11 倍。因此，试验结果说明细菌素 Plantaricin JLA-9 抑制了蜡样芽孢杆菌 AS 1. 1846 芽孢的形成。

表 6-2　蜡样芽孢杆菌 AS1.1846 芽孢形成主要调控基因和形成基因及其功能

	基因名称	功　　能	倍数变化
Regulatory gene	*sigE*	Sporulation sigma factor	−8
	sigF	Sporulation sigma factor	−5.43
	sigK	Sporulation sigma factor	−6
	sigG	Sporulation sigma factor	−4
	soj	Sporulation initiation inhibition	−1.32
Spore forming stage 0	*spo0A*	Stage 0sporulation control proteinA	−1.65
	spo0B	Stage 0sporulation control proteinB	+1.31
	spo0J	Stage 0sporulation control proteinJ	−2.29
	*BCQ*1406	Stage 0sporulation control protein	−4.1
Spore forming stage Ⅰ	*citC*	Isocitrate dehydrogenase	+1.17
	racA	Polar chromosome segregation protein	−2.11
Spore forming stage Ⅱ	*spoIIAA*	Anti-sigma f factor antagonist	−4.57
	spoIIAB	Anti-sigma f factor antagonist	−5.13
	spoIIGA	Sporulation sigma-E factor processing peptidase，stage II sporulation proteinGA	−10
	spoIID	Septal peptidoglycan hydrolysis	+1.27
	spoIIE	Stage II sporulation protein	−3.54
Spore forming stage Ⅲ	*spoIIIA*	Prespore engulfment	−4
	spoIIID	Stage III sporulation proteinD	−17
	ftsK	Stage III sporulation proteinE，Control sigmaE expresion	−1.97
	spoIIIAD	Stage III sporulation protein AD	−4
	spoIIIAH	Stage III sporulation protein AH	−4.33

（续）

	基因名称	功　能	倍数变化
Spore forming stageⅣ	*spoIVB*	Stage IV sporulation proteinB，production of sigmaK，signal peptide	−1.58
	spoIVA	stage IV sporulation proteinA	−2.35
	spoIVFA	Stage IV sporulation proteinFA，processing of pre-sigmaK	−2.77
	spoVE	Stage V sporulation protein，cortex synthesis	−2.22
	spoVB	Spore cortex synthesis	+1.98
	spoVD	Spore cortex synthesis	−1.28
Spore forming stageⅤ	*cotB*	Spore coat synthesis	−2
	cotD	Spore coat synthesis	−2.67
	cotE	Spore coat synthesis	−4.6
	cotH	Spore coat synthesis	−2.85
	cotX	Spore coat synthesis	−18
	cotZ	Spore coat synthesis	−8
	calY	spore coat-associated protein；camelysin	−46
Spore forming stageⅥ	*spoVID*	stage VI sporulation proteinD	−11

注：细菌素处理 2h 后基因表达差异变化倍数，＋为上调，－为下调。

八、细菌素 Plantaricin JLA-9 对蜡样芽孢杆菌 AS 1.1846 细胞膜相关基因的影响

由表 6-3 可知，*SigW* 和 *SigX* 调控因子都明显下调，它们能够对细胞膜的表面及转运等起调控作用，尤其是 *SigW* 是枯草芽孢杆菌中被研究得最清楚的胞外功能 *Sig* 因子之一，它控制了大约 30 个操纵子。同时它所控制的基因在遇到抗生素、表面活性剂和抗菌肽时会被诱导，但是在经过 Plantaricin JLA-9 处理后调控基因明显下调，说明蜡样芽孢杆菌对 Plantaricin JLA-9 的反

应机制可能与其他的抗生素的作用机制不同。其他上调明显的基因除了 *BCQ*2033 编码内膜蛋白和 *BCQ*2958 编码转运蛋白，大多数都是未知功能的膜蛋白相关基因。

表 6-3　蜡样芽孢杆菌 AS1. 1846 细胞膜相关基因及其功能

	基因名称	功　能	倍数变化
Regulatory gene	*sigM*	RNA polymerase sigma factor	+1. 67
	sigX	RNA polymerase sigma factor	−2. 75
	sigW	RNA polymerase sigma factor	−4. 15
Membrane protein	*BCQ*2033	Integral membrane protein	+2. 83
Transport	*BCQ*2958	Transporter	+2. 03
Fattyacid synthesis	*fabG*	3-ketoacyl-ACP reductase	+4. 95
	fabZ	(3R) -hydroxymyristoyl-ACP dehydratase	+2. 95
Uncharacterized	*BCQ*3 516	Hypothetical protein	+4. 12
	*BCQ*5265	Hypothetical protein	+3. 35
	*BCQ*4978	Hypothetical protein	+3. 23
	*BCQ*3063	Hypothetical protein	+2. 72
	*BCQ*2043	Hypothetical protein	+2. 55
	*BCQ*5208	Hypothetical protein	+2. 43
	*BCQ*1645	Hypothetical protein	+2. 25
	*BCQ*1857	Hypothetical protein	+1. 27
	*BCQ*5239	Hypothetical protein	+2. 76
	*BCQ*0458	Hypothetical protein	+2. 62
	yitt	Hypothetical protein	+2. 72
	ydfk	Hypothetical protein	+2. 24
	*BCQ*1256	Hypothetical protein	−2. 73
	*BCQ*1132	Hypothetical protein	−5. 63
	*BCQ*3538	Hypothetical protein	−4. 78
	*BCQ*4990	Hypothetical protein	−2. 38

注：细菌素处理 2h 后基因表达差异变化倍数，+为上调，−为下调。

此外，如图 6-5 所示，在蜡样芽孢杆菌脂肪酸合成途径中的部分基因有一定程度的上调。*fabG* 和 *fabZ* 的上调，有利于增加支链脂肪酸的合成。支链氨基酸的降解基因 *bfmbAA*、*bfmbBB*、*dhle*、*ptb* 和 *ackA* 等基因也有明显的上调。支链氨基酸降解能为芽孢杆菌的支链脂肪酸合成提供前体。同时这些基因的明显上调说明蜡样芽孢杆菌可能增加支链脂肪酸的合成来提高细胞膜的流动性，从而促进生物膜修复。

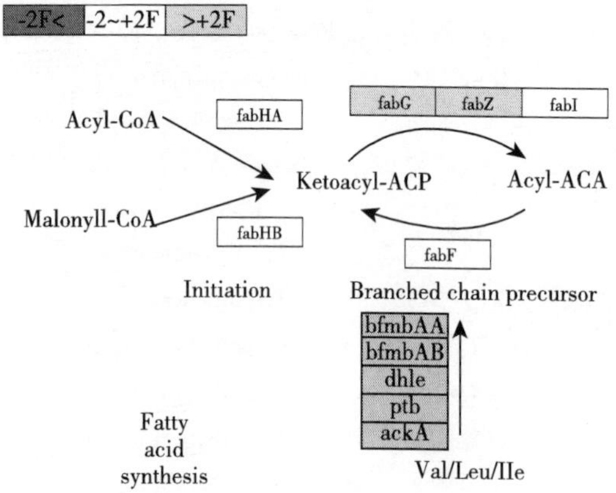

图 6-5　脂肪酸合成途径基因

九、细菌素 Plantaricin JLA-9 对蜡样芽孢杆菌 AS 1.1846 呼吸代谢的影响

在细菌素 Plantaricin JLA-9 处理蜡样芽孢杆菌的条件下，有多个与呼吸代谢有关的基因明显下调，其中包括 NADH 脱氢酶基因（*nuoCDLMNT*）、细胞色素还原酶基因（*qcrABC*）、细胞色素氧化酶基因（*ctaCEF*）和硝酸盐还原酶（*narGHI*）（表 6-4）。这些基因的下调表明在细菌素处理芽孢杆菌的过程中，其呼吸代谢受到了抑制。其中 NADH 脱氢酶基因、细胞色素还原酶

基因和细胞色素氧化酶基因编码的是呼吸链电子传递过程中重要的酶，其基因表达的下调会明显地降低呼吸链的电子传递过程，从而将抑制呼吸代谢。*narGHI* 基因编码的亚硝酸还原酶用于硝酸盐呼吸，这些基因显著下调表明，NADH 到硝酸盐的电子传递可能在降低。

表 6-4　蜡样芽孢杆菌 AS1.1846 呼吸代谢相关基因及其功能

	基因名称	功　能	倍数变化
NADH dehydrogenase gene	nuoC	NADH dehydrogenase subunit A	−2.55
	nuoD	NADH dehydrogenase subunit D	−2.02
	nuoL	NADH dehydrogenase subunit L	−3.02
	nuoM	NADH dehydrogenase subunitM	−3.52
	nuoN	NADH dehydrogenase subunit N	−3.28
	nuoT	NADH dehydrogenase subunit T	−2.06
Cytochrome bc1 complex	qcrA	menaquinol-cytochrome c reductase	−2.04
	qcrB	cytochrome b6	−2.6
	qcrC	menaquinol-cytochrome c reductase	−2.31
	ctaC	cytochrome C oxidase，subunit ii	−2.48
	ctaE	cytochrome C oxidase，subunit iii	−3.42
	ctaF	cytochrome C oxidase，subunit iv	−2.26
nitrate reductase gene	narG	respiratory nitrate reductase subunit alpha	−3.28
	narH	respiratory nitrate reductase subunit beta	−4.21
	narI	nitrate reductase subunit gamma	−2.07

注：细菌素处理 2h 后基因表达差异变化倍数，+为上调，−为下调。

十、细菌素 Plantaricin JLA-9 对蜡样芽孢杆菌 AS 1.1846 离子转运的影响

细菌素对蜡样芽孢杆菌的细胞膜有确定的破坏作用，这样必然会导致内部的离子向细胞外流失。因此，会诱导相关的离子摄

入基因来维持细胞的渗透压，从而保持细胞膜的稳定状态。本试验研究发现，经过细菌素 Plantaricin JLA-9 处理后，蜡样芽孢杆菌与离子转运相关基因的表达发生明显的变化。

由表 6-5 和图 6-6 可知，*nrgA*、*BCQ2323*、*corC*、*caX* 和 *czcD* 基因表达都明显的下调。其中 *nrgA* 编码氨转运蛋白、*BCQ2323* 编码锌摄入转运蛋白、*corC* 编码镁外排蛋白、*caX* 编码钙/氢离子交换蛋白以及 *czcD* 编码阳离子外排蛋白。锌离子是许多酶重要的协同因子，同时它还参与蛋白的折叠过程，它的下调说明细菌素对蜡样芽孢杆菌体内生理活动起到了一定的抑制作用。钙离子除了是细胞内一些蛋白酶的激活剂之外，它还是芽孢内重要的组成部分。一般芽孢形成的过程中，菌体都要大量的摄入钙离子，而经细菌素处理后，钙离子摄入基因明显下调说明，芽孢的形成过程受到了抑制。*czcD* 是阳离子外排基因，它能提高芽孢杆菌对某些阳离子的抵抗力，它的明显下调说明，细菌素抑制了芽孢杆菌自身调节的保护作用。

表 6-5　蜡样芽孢杆菌 AS1.1846 离子转运基因及其功能

	基因名称	功　能	倍数变化
Cations transport gene	*nrgA*	Ammonium transporter	−7.75
	BCQ2323	Zinc uptake transporter	−3.83
	corC	Magnesium efflux protein	−2.41
	caX	calcium/proton exchanger	−2.62
	czcD	cobalt-zinc-cadmium resistance protein cation efflux family protein	−4.65
	ssuB	Alkanesulfonates transport ATP-binding protein	+3.03
	kcH	Potassium channel protein	+2.2
	nhaC	Na+/H+antiporter	+2.24
	corA	Magnesium transporter	+3.82

注：细菌素处理 2h 后基因表达差异变化倍数，+为上调，−为下调。

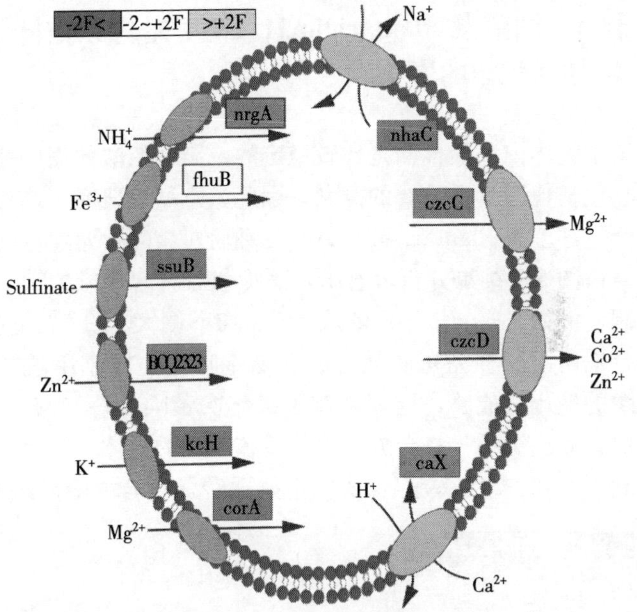

图 6-6　Plantaricin JLA-9 对蜡样芽孢杆菌离子转运的影响

由表 6-5 和图 6-6 可知，*ssuB*、*kcH*、*nhaC* 和 *corA* 基因的表达都明显地上调，其中 *ssuB* 编码脂肪族磺酸盐转运蛋白，*kcH* 编码钾通道蛋白，*nhaC* 编码 Na＋/H＋逆向转运体以及 *corA* 编码镁转运蛋白。*kcH* 基因与钾离子的摄入有关，由于细菌素可以破坏细胞膜，细胞膜一旦破坏，钾离子必然发生流失，该基因的上调说明，细胞为了维持其渗透压来保持细胞膜的稳定状态，因此通过上调该基因来摄入更多的钾离子。*nhaC* 基因与芽孢杆菌磷酸盐平衡有关，它还可能参与芽孢杆菌 pH 内平衡的调节，它的上调说明，可能由于细胞膜被破坏，钾离子发生流失，因此为了维持细胞的渗透压需要从细胞内排出更多的钠离子到细胞外。

十一、细菌素 Plantaricin JLA-9 对蜡样芽孢杆菌 AS 1.1846 核酸代谢的影响

微生物体内核酸代谢是比较稳定的，维持核酸代谢的稳定对微生物生长代谢具有重要的意义。因此，本试验研究了蜡样芽孢杆菌经过细菌素 Plantaricin JLA-9 处理后对核酸代谢途径的影响变化。由图 6-7 结果分析可看出，嘌呤和嘧啶的合成的第一阶段被抑制，例如，*purL*、*purQ* 及 *purC* 均下调大于 2 倍，这些基因都是编码由 5-核糖焦磷酸合成 5-氨基咪唑-4-氨基甲酰核苷酸过程中的催化合成酶，这就限制了最终次黄嘌呤核苷酸（IMP）的合成，而次黄嘌呤是合成其他嘌呤核苷酸的前体。微生物体内可以利用氨和二氧化碳等合成氨甲酰磷酸最终合成嘧啶核苷酸，

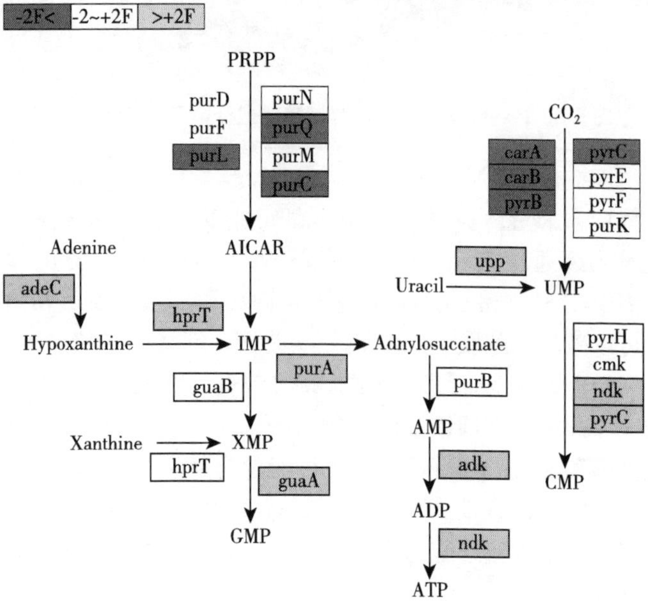

图 6-7　Plantaricin JLA-9 对蜡样芽孢杆菌核酸代谢的影响

由图 6-7 可知，该途径被显著地抑制，例如，*carA*、*carB*、*pyrB* 及 *pyrC* 等他们都是编码由氨甲酰磷酸合成尿嘧啶核苷酸过程中的催化合成酶，这就限制了尿嘧啶核酸最终合成。同时由图 6-7 还可以看出，经过细菌素处理后促进了核酸前体物质的分解代谢过程，例如，*adeC* 和 *hprT* 基因的上调促进了腺嘌呤分解成次黄嘌呤，*guaA* 基因的上调促进了次黄嘌呤核苷酸向分解成鸟嘌呤核苷酸，*purA*、*adK* 等基因的上调促进了次黄嘌呤向 ATP 的转变。*upp* 基因的上调促进了尿嘧啶分解产生尿嘧啶核苷酸，*ndk* 和 *pyrG* 基因的上调促进了尿嘧啶核苷酸进一步分解成胞嘧啶核苷酸。

十二、荧光定量 RT-PCR 验证转录组测序结果

用做转录测序同样的方法处理蜡样芽孢杆菌（Plantaricin JLA-9 1/2×MIC）后，选取了 20 个基因进行 RT-PCR 验证检测。

表 6-6　RT-PCR 检测基因表达

基因	功能	倍数变化	
		RT-PCR	Transcriptome
fbaA	Aldolase	+9.65	+5.5
sucC	succinyl-CoA synthetase	+9.26	+2.09
sdhC	succinate dehydrogenase	+2.265	+2.67
gapB	glyceraldehyde-3-phosphate dehydrogenase	+3.32	+2.1
mdh	malate dehydrogenase	+4.076	+2.05
mmgC	acyl-CoA dehydrogenase	+6.65	+3.88
atoB	acetyl-CoA acetyltransferase	+6.73	+3.59
glsA	Glutaminase	+3.1	+2.06

（续）

基因	功能	倍数变化	
		RT-PCR	Transcriptome
gdhA	glutamate dehydrogenase	+3.21	+2.09
rocF	Arginase	+2.03	+3.0
sigF	Sporulation sigma factor	−8.24	−5.43
Spo0A	Stage 0sporulation control proteinA	−2.04	−1.65
spoIIA	Anti-sigma f factor antagonist	−6.6	−4.57
spoIVA	stage IV sporulation proteinA	−2.94	−2.35
cotH	Spore coat synthesis	−1.78	−2.85
sigW	RNA polymerase sigma factor	−2.08	−4.17
fabG	3-ketoacyl-ACP reductase	+1.67	+4.95
ctaE	cytochrome C oxidase	−4.76	−3.42
kcH	Potassium channel protein	+1.81	+2.2
czcD	cation efflux family protein	−5.54	−4.65

注：细菌素处理 2h 后基因表达差异变化倍数，+为上调，−为下调。

其中有 12 个基因（*fbaA*、*sucC*、*sdhC*、*gap*、*mdh*、*mmgC*、*atoB*、*glsA*、*gdhA*、*rocF*、*kcH*、*fabG*）的表达上调，8 个基因（*sigF*、*Spo0A*、*spoIIA*、*spoIVA*、*cotH*、*sigW*、*ctaE*、*czcD*）的表达下调，这些基因的 RT-PCR 结果在上调或者下调方向与转录组的结果保持一致，有 4 个基因的 RT-PCR 结果与对照比没有变化超过两倍，但是结果也都超过了 1.5 倍，说明本试验的转录组测序结果分析可靠，可以用来试验分析。

第三节　结果与讨论

糖酵解和三羧酸循环是微生物碳代谢最主要的两个途径，在碳代谢中具有重要的意义。大部分的碳源如葡萄糖、果糖等都需要进入到这两个代谢途径才能被转为能量或者其他代谢物的前体物质如，氨基酸、核苷酸等（脂肪酸合成和氨基酸合成等都需要糖酵解和三羧酸循环提供前提物质），进而被微生物利用进行生长代谢。*CggR* 基因是葡萄糖酵解的中心调控基因，它控制 *pgm*、*gapA*、*pgk* 及 *eno* 基因的表达。在图 6-4 中，研究发现经过细菌素 Plantaricin JLA-9 处理后提高了蜡样芽孢杆菌的脂肪酸和氨基酸的代谢而抑制了葡萄糖的酵解，提高了葡萄糖的合成途径。这种现象表明菌株可能需要更多的能量来启动防御机制抵抗细菌素的作用。一般情况下研究认为只有在缺少糖的培养条件下，微生物才会分解氨基酸用做其他代谢活动的碳源。然而本试验的结果正好与这种假设相反。根据 Ludwig 和 Rezacova 的研究得知 *CggR* 基因需要两个不同的信号同时激活，一个是糖分解的信号，另一个是氨基酸合成的信号，只有全部信号同时存在才会诱导该基因的调控。在没有葡萄糖存在的条件下，*CggR* 会与目标 DNA 结合从而抑制 *gapA* 操纵子基因的转录。在葡萄糖存在的条件下，*CggR* 会与 1,6-2 磷酸果糖结合从而失去调控能力，这样与本试验结果是相一致的。因此本试验说明糖酵解过程向糖异生方向发展是为了将多余能量用于对细菌素的应急反应。

由于细菌素能够破坏蜡样芽孢杆菌的细胞膜，因此本试验特别研究了细菌素对蜡样芽孢杆菌细胞膜相关基因表达的影响。细胞膜是微生物对抗环境威胁的第一道防线。细胞膜组成是可变的，任何环境因素的改变都可能引起细胞膜组成变化。当外界环境发生变化时，微生物通常会改变细胞膜的物理化学特性，以适应外界的环境变化，其中改变细胞膜的流动性是重要的一步。流动性可以改变主动运输、细胞膜脂质层的通透性及蛋白质之间的互作等。芽孢杆菌的细胞膜主要由支链脂肪酸和直链脂肪酸两大类组成，其中支链脂肪酸在细胞膜脂双层中占绝大多数。芽孢杆菌可以通过改变支链脂肪酸的比例来改变脂双层的流动性。提高支链脂肪酸在芽孢杆菌细胞脂双层中的比例可以保证细胞膜的流动性，而流动性是细胞膜多种生理功能所必需的。在遇到不良环境时，改变细胞膜组成可以提高细菌的生存能力。本试验中 *SigW* 和 *SigX* 调控因子都明显下调，它们能够对细胞膜的表面及转运等起调控作用，尤其是 SigW 是枯草芽孢杆菌中被研究得最清楚的胞外功能 *Sig* 因子之一，它控制了大约 30 个操纵子。它所控制的基因在遇到抗生素、表面活性剂和抗菌肽时会被诱导。有研究表明 *SigW* 能改变 Anteiso 支链脂肪酸和 iso 支链脂肪酸在细胞膜中的比例。*SigW* 的下调表达会降低 *fabF* 基因的表达而增加 *fabHA* 基因的表达，从而导致支链脂肪酸比例上升。这样提高了细胞膜的流动性，促进生物膜的修复。此外，在本试验中蜡样芽孢杆菌的脂肪酸合成途径中的部分基因有一定程度的上调。*fabG* 和 *fabZ* 的上调，有利于增加支链脂肪酸的合成。支链氨基酸的降解基因 *bfmbAA*、*bfmbBB*、*dhle*、*ptb* 和 *acka* 等基因也有明显的上调。支链氨基酸降解能为芽孢杆菌的支链脂肪酸合成提供前体。同时这些基因的明显上调说明蜡样芽孢杆菌可能增加支链脂肪酸的合成从而提高细胞膜的流动性。但是，有文献报道，枯草芽孢杆菌细胞膜遇到一些表面活性剂时，其自身会降低支链脂肪酸的合成，从而降低细胞膜的流动性，以增加对表面活性剂的抵抗。因此，这些基因上调说明，细菌素 Plantaricin JLA-9 与一些表面活性剂对细胞膜的作用方式不同的。但是它的响应机制可能与山梨酸引起的芽孢杆菌转录组响应机制类似，山梨酸处理后的枯草芽孢杆菌能够增加菌体细胞膜支链脂肪酸的合成。

芽孢的形成是芽孢调控基因和结构基因表达的结果，而这些基因的表达受很多因素的影响，例如，外界环境因子和细菌的年龄等。在芽孢形成过程中，主要的调控基因包括 *spo*0*A*、*sigE*、*sigF*、*sigG*、*sigK* 等。*spo*0*A* 是芽孢形成过程中最重要的调控基因，该基因决定着芽孢形成的起始。该基因在芽孢形成过程中发挥着重要的调控作用，大部分芽孢形成的相关基因都受到该基因的调控。本试验中 *spo0A* 转录组的测序结果分析其下调 1.65 倍，但经 RT-PCR 验证后发现其下调了 8.24 倍，说明其表达显著的下调，因此对芽孢的形成具有负调控作用。本试验中 *sigE* 和 *sigF* 都明显的下调，这两个调控基因在芽孢形成的阶段 II 与阶段 III 具有至关重要的意义。调控基因 *sigE* 和 *sigF* 分别编码芽孢前体特别因子 δE 和特别转录因子 δF，特别是 δF 参与调控多个芽孢形成相关基因，且 δF 的活性受到 *SpoIIAA* 与 *SpoIIAB* 的调控，由试验结果可知，*SpoIIAA* 与 *SpoIIAB* 基因也明显下调，说明 *sigF* 调控基因被抑制。基因 *sigG* 是 *sigF* 的下一级调控基因，在芽孢形成的阶段 IV 与阶段 V 中发挥重要作用。δF 因子对基因 *sigG* 的表达具有激活作用，同时基因 *sigG* 能够合成一个特殊的转录因子 δG，该转录因子主要与芽孢前体的形成有关，其在芽孢形成的后期起着重要的调控作用。基因 *sigK* 是 *sigE* 的下一级调控基因，在芽孢形成的阶段 IV 与阶段 V 中发挥重要作用。基因 *sigK* 受转录组因子 δE 调控，该基因编码母细胞特殊转录因子 δK。转录因子 δK 在芽孢形成的后期发挥重要调控作用。多个芽孢形成基因受到 δK 的调控，包括芽孢成熟所需要的基因 *spoVD* 以及多个芽孢外壳形成相关的基因 (*cotBDEH* 等)。大部分芽孢形成相关的调控基因和结构基因都发生下调，说明细菌素抑制了蜡样芽孢杆菌芽孢的形成。当芽孢杆菌遇到外界环境胁迫时，芽孢杆菌就会形成芽孢。芽孢是具有高度抗逆性的休眠体，它能够保持很低的代谢速率，因此芽孢能够在各种不利条件下生存。所以一般认为，当抗生素以亚抑菌浓度作用于芽孢菌时不会杀死菌体，但是会促进芽孢的形成。例如 Ochaner 报道，用亚抑菌浓度的甲硝哒唑或者万古霉素处理艰难梭菌能够促进转化成芽孢。但是，目前有研究报道一些抗生素能够抑制芽孢的产生，例如，Bakahani 报道非达霉素能够抑制艰难梭菌芽孢的形成，可能是因为该抗生素抑制了 *spoIIR* 和 *spoIIID* *m*RNA 的积累，而这两个基因是芽孢形成过程中的必需基因。这种机制被认为是非达霉素可能具有 *anti*-RNA 聚合酶活性，但是否这种机制适合于所有的芽孢形成基因目前还没有研究清楚。所以目前细菌素 P*lantaricin* JLA-9 抑制蜡样芽孢杆菌芽孢形成的机制还不是特别清楚，需要以后深入的研究。

参 考 文 献

畅晓渊．抗猪链球菌产细菌素乳酸菌的筛选及发酵工艺研究［D］．2009.

陈琳，孟祥晨．超滤法分离植物乳杆菌 KLDS1.0391 发酵液中的细菌素［J］．食品科学，2011，32（5）：198-201.

陈一然，张明．植物乳杆菌细菌素的研究与应用［J］．中国微生态学杂志，2011，23（9）：853-856.

董丹．基于 RNA-Seq 技术的胶质类芽孢杆菌 KNP414 转录组学研究［D］．浙江理工大学，2013.

葛菁萍，邹鹏，宋刚，et al. 酸菜发酵液中乳酸菌的分离与鉴定［J］．食品工业科技，2007，28（10）：83-84.

凌代文．乳酸菌分类鉴定及实验方法［M］．北京：中国轻工业出版社，1998.

刘国红，林乃铨，林营志，等．芽孢杆菌分类与应用研究进展［J］．福建农业学报，2008，23（1）：92-99.

刘国荣，张郡莹，王成涛．应用响应面法优化弯曲乳杆菌 RX-6 代谢产细菌素的发酵培养基组成［J］．食品科技，2013，38（3）：2-8.

吕燕妮，李平兰，周伟．戊糖乳杆菌 31-1 菌株产细菌素发酵条件优化［J］．微生物学通报，2005，32（3）：13-19.

牛爱地，韩建春．一株从酸菜中分离的产细菌素乳杆菌的鉴定及其所产抑菌物质的研究［J］．东北农业大学学报，2009，40（10）：104-108.

谢英，覃倩倩，张京声，等．植物乳杆菌 LB-B1 产细菌素发酵条件的优化［J］．中国酿造，2010，29（10）：22-25.

易华西．分泌广谱抗菌肽乳酸菌的筛选及高效表达的调控研究［D］．哈尔滨：哈尔滨工业大学博士学位论文，2010.

俞文榜．基于转录组的枯草杆菌响应细胞外信号机制研究［D］．华东理工大学，2013.

张鲁冀，孟祥晨．自然发酵东北酸菜中乳杆菌的分离与鉴定［J］．东北农业大学学报，2010（11）：125-131.

Abrams D，Barbosa J，Albano H，et al. Characterization of bacPPK34 a bacteriocin produced by Pediococcus pentosaceus strain K34 isolated from "Alheira" [J]. Food Control，2011，22（6）：940-946.

Agata N，Ohta M，Mori M，et al. A novel dodecadepsipeptide，cereulide，is an emetic toxin of Bacillus cereus [J]. FEMS Microbiology Letters，1995，129（1）：17-19.

Ahmed AA，Moustafa MK，Marth EH. Incidence of Bacillus cereus in milk and some milk products [J]. Journal of Food Protection®，1983，46（2）：126-128.

Ambati P，Ayyanna C. Optimizing medium constituents and fermentation conditions for citric acid production from palmyra jaggery using response surface method [J]. World Journal of Microbiology and Biotechnology，2001，17（4）：331-335.

Ananta E，Knorr D. Evidence on the role of protein biosynthesis in the induction of heat tolerance of Lactobacillus rhamnosus GG by pressure pre-treatment [J]. International Journal of Food Microbiology，2004，96（3）：307-313.

Anderl JN，Zahller J，Roe F，et al. Role of nutrient limitation and stationary-phase existence in Klebsiella pneumoniae biofilm resistance to ampicillin and ciprofloxacin [J]. Antimicrobial Agents and Chemotherapy，2003，47（4）：1251-1256.

Anderssen EL，Diep DB，Nes IF，et al. Antagonistic activity of Lactobacillus plantarum C11：two new two-peptide bacteriocins，plantaricins EF and JK，and the induction factor plantaricin A [J]. Applied and Environmental Microbiology，1998，64（6）：2269-2272.

Annadurai G. Design of optimum response surface experiments for adsorption of direct dye on chitosan [J]. Bioprocess Engineering，2000，23（5）：451-455.

Arnesen LPS，Fagerlund A，Granum PE. From soil to gut：Bacillus cereus and its food poisoning toxins [J]. FEMS Microbiology Reviews，2008，

32 (4): 579-606.

Asaduzzaman SM, Nagao J-i, Iida H, et al. Nukacin ISK-1, a bacteriostatic lantibiotic [J]. Antimicrobial Agents and Chemotherapy, 2009, 53 (8): 3595-3598.

Atrih A, Rekhif N, Moir A, et al. Mode of action, purification and amino acid sequence of plantaricin C19, an anti-<i> Listeria</i> bacteriocin produced by<i> Lactobacillus plantarum</i> C19 [J]. International Journal of Food Microbiology, 2001,68 (1): 93-104.

Atrih A, Rekhif N, Moir A, et al. Mode of action, purification and amino acid sequence of plantaricin C19, an anti-Listeria bacteriocin produced by Lactobacillus plantarum C19 [J]. International Journal of Food Microbiology, 2001,68 (1): 93-104.

Axelsson L. Lactic acid bacteria: classification and physiology [J]. Food Science and Technology-New York-Marcel Dekker-, 2004, 139: 1-66.

Babakhani F, Bouillaut L, Gomez A, et al. Fidaxomicin inhibits spore production in Clostridium difficile [J]. Clinical Infectious Diseases, 2012, 55 (suppl 2): S162-S169.

Babu MMG, Sridhar J, Gunasekaran P. Global transcriptome analysis of Bacillus cereus ATCC14579 in response to silver nitrate stress [J]. J Nanobiotechnology, 2011, 9: 49.

Babu MMG, Sridhar J, Gunasekaran P. Global transcriptome analysis of Bacillus cereus ATCC14579 in response to silver nitrate stress [J]. Journal of Nanobiotechnology, 2011, 9 (1): 1-12.

Balciunas EM, Martinez FAC, Todorov SD, et al. Novel biotechnological applications of bacteriocins: a review [J]. Food Control, 2013, 32 (1): 134-142.

Banykó J, Vyletělová M. Determining the source of Bacillus cereus and Bacillus licheniformis isolated from raw milk, pasteurized milk and yoghurt [J]. Letters in Applied Microbiology, 2009, 48 (3): 318-323.

Barbano D, Ma Y, Santos M. Influence of Raw Milk Quality on Fluid Milk Shelf Life 1, 2 [J]. Journal of Dairy Science, 2006, 89: E15-E19.

Bennett SD, Walsh KA, Gould LH. Foodborne disease outbreaks caused by Bacillus cereus, Clostridium perfringens, and Staphylococcus aureus-United States, 1998-2008 [J]. Clinical Infectious Diseases, 2013, 57 (3): 425-433.

Benz R, Jung G, Sahl H-G. Mechanism of channel-formation by lantibiotics in black lipid membranes [J]. Nisin and Novel Lantibiotics, 1991: 359-372.

Bierbaum G, Sahl H. Autolytic system of Staphylococcus simulans 22: influence of cationic peptides on activity of N-acetylmuramoyl-L-alanine amidase [J]. Journal of Bacteriology, 1987, 169 (12): 5452-5458.

Black E, Linton M, McCall R, et al. The combined effects of high pressure and nisin on germination and inactivation of Bacillus spores in milk [J]. Journal of Applied Microbiology, 2008, 105 (1): 78-87.

Boguski MS, Tolstoshev CM, Bassett Jr DE. Gene discovery in dbEST [J]. Science, 1994, 265 (5181): 1993-1994.

Bottone EJ. Bacillus cereus, a volatile human pathogen [J]. Clinical Microbiology Reviews, 2010, 23 (2): 382-398.

Brenner S, Johnson M, Bridgham J, et al. Gene expression analysis by massively parallel signature sequencing (MPSS) on microbead arrays [J]. Nature Biotechnology, 2000, 18 (6): 630-634.

Breukink E, van Kraaij C, van Dalen A, et al. The orientation of nisin in membranes [J]. Biochemistry, 1998, 37 (22): 8153-8162.

Breukink E, Wiedemann I, Van Kraaij C, et al. Use of the cell wall precursor lipid II by a pore-forming peptide antibiotic [J]. Science, 1999, 286 (5448): 2361-2364.

Brinques GB, do Carmo Peralba M, Ayub MAZ. Optimization of probiotic and lactic acid production by Lactobacillus plantarum in submerged bioreactor systems [J]. Journal of Industrial Microbiology & Biotechnology, 2010, 37 (2): 205-212.

Brown K. Control of bacterial spores [J]. British Medical Bulletin, 2000, 56 (1): 158-171.

Brötz H，Bierbaum G，Leopold K，et al. The lantibiotic mersacidin inhibits peptidoglycan synthesis by targeting lipid II [J]. Antimicrobial Agents and Chemotherapy，1998，42 (1)：154-160.

Burdock GA，Carabin IG. Generally recognized as safe (GRAS)：history and description [J]. Toxicology Letters，2004，150 (1)：3-18.

Ceragioli M，Mols M，Moezelaar R，et al. Comparative transcriptomic and phenotypic analysis of the responses of Bacillus cereus to various disinfectant treatments [J]. Applied and Environmental Microbiology，2010，76 (10)：3352-3360.

Chan W，Leyland M，Clark J，et al. Structure-activity relationships in the peptide antibiotic nisin：antibacterial activity of fragments of nisin [J]. FEBS Letters，1996，390 (2)：129-132.

Cheng J，Kapranov P，Drenkow J，et al. Transcriptional maps of 10human chromosomes at 5-nucleotide resolution [J]. Science，2005，308 (5725)：1149-1154.

Chen H，Hoover D. Bacteriocins and their food applications [J]. Comprehensive Reviews in Food Science and Food Safety，2003，2 (3)：82-100.

Chen Y-s，Wang Y-c，Chow Y-s，et al. Purification and characterization of plantaricin Y，a novel bacteriocin produced by Lactobacillus plantarum 510 [J]. Archives of Microbiology，2014，196 (3)：193-199.

Chitov T，Dispan R，Kasinrerk W. Incidence and diarrhegenic potential of Bacillus cereus in pasteurized milk and cereal products in Thailand [J]. Journal of Food Safety，2008，28 (4)：467-481.

Chung D-M，Kim KE，Jeong S-Y，et al. Rapid concentration of some bacteriocin-like compounds using an organic solvent [J]. Food Science and Biotechnology，2011，20 (5)：1457-1459.

Clavel T，Carlin F，Lairon D，et al. Survival of Bacillus cereus spores and vegetative cells in acid media simulating human stomach [J]. Journal of Applied Microbiology，2004，97 (1)：214-219.

Cleveland J，Montville TJ，Nes IF，et al. Bacteriocins：safe，natural antimicrobials for food preservation [J]. International Journal of Food Microbiology, 2001, 71 (1): 1-20.

Control CfD, Prevention. Update: Interim recommendations for antimicrobial prophylaxis for children and breastfeeding mothers and treatment of children with anthrax [J]. MMWR Morbidity and Mortality Weekly Report, 2001, 50 (45): 1014.

Costa V, Angelini C, De Feis I, et al. Uncovering the complexity of transcriptomes with RNA-Seq [J]. BioMed Research International, 2010.

Cutting S, Roels S, Losick R. Sporulation operon spoIVF and the characterization of mutations that uncouple mother-cell from forespore gene expression in Bacillus subtilis [J]. Journal of Molecular Biology, 1991, 221 (4): 1237-1256.

Dalet K, Cenatiempo Y, Cossart P, et al. A σ54-dependent PTS permease of the mannose family is responsible for sensitivity of Listeria monocytogenes to mesentericin Y105 [J]. Microbiology, 2001, 147 (12): 3263-3269.

da Silva Sabo S, Vitolo M, González JMD, et al. Overview of Lactobacillus plantarum as a promising bacteriocin producer among lactic acid bacteria [J]. Food Research International, 2014, 64: 527-536.

David L, Huber W, Granovskaia M, et al. A high-resolution map of transcription in the yeast genome [J]. Proceedings of the National Academy of Sciences, 2006, 103 (14): 5320-5325.

Daw MA, Falkiner FR. Bacteriocins: nature, function and structure [J]. Micron, 1996, 27 (6): 467-479.

Deegan LH, Cotter PD, Hill C, et al. Bacteriocins: biological tools for biopreservation and shelf-life extension [J]. International Dairy Journal, 2006, 16 (9): 1058-1071.

Delgado A, Brito D, Fevereiro P, et al. Bioactivity quantification of crude bacteriocin solutions [J]. Journal of Microbiological Methods, 2005, 62 (1): 121-124.

Delgado A, López FA, Brito D. Optimum bacteriocin production by Lactobacillus plantarum 17. 2b requires absence of NaCl and apparently follows a mixed metabolite kinetics [J]. Journal of Biotechnology, 2007, 130 (2): 193-201.

Delves-Broughton J, Blackburn P, Evans R, et al. Applications of the bacteriocin, nisin [J]. Antonie van Leeuwenhoek, 1996, 69 (2): 193-202.

Diomandé SE, Nguyen-The C, Guinebretière M-H, et al. Role of fatty acids in Bacillus environmental adaptation [J]. Frontiers in Microbiology, 2015, 6.

Doan T, Aymerich S. Regulation of the central glycolytic genes in Bacillus subtilis: binding of the repressor CggR to its single DNA target sequence is modulated by fructose-1, 6-bisphosphate [J]. Molecular Microbiology, 2003, 47 (6): 1709-1721.

Dutra-Molino J, Feitosa VA, de Lencastre-Novaes L, et al. Biomolecules extracted by ATPS: practical examples [J]. Revista Mexicana de Ingeniería Química, 2014, 13 (2): 359.

Ehling-Schulz M, Fricker M, Scherer S. Bacillus cereus, the causative agent of an emetic type of food-borne illness [J]. Molecular Nutrition & Food Research, 2004, 48 (7): 479-487.

Ehling-Schulz M, Messelhǎusser U, Granum P, et al. Bacillus cereus in milk and dairy production [J]. Rapid detection, Characterization, and Enumeration of Foodborne Pathogens, 2011: 275-289.

Enan G, El-Essawy A, Uyttendaele M, et al. Antibacterial activity of Lactobacillus plantarum UG1 isolated from dry sausage: characterization, production and bactericidal action of plantaricin UG1 [J]. International Journal of Food Microbiology, 1996, 30 (3): 189-215.

Faille C, Membre JM, Kubaczka M, et al. Altered ability of Bacillus cereus spores to grow under unfavorable conditions (presence of nisin, low temperature, acidic pH, presence of NaCl) following heat treatment during sporulation [J]. Journal of Food Protection ®, 2002, 65 (12): 1930-1936.

Freiberg C, Fischer H, Brunner N. Discovering the mechanism of action of novel antibacterial agents through transcriptional profiling of conditional mutants [J]. Antimicrobial Agents and Chemotherapy, 2005, 49 (2): 749-759.

Fricourt BV, Barefoot SF, Testin RF, et al. Detection and activity of plantaricin F an antibacterial substance from Lactobacillus plantarum BF001 isolated from processed channel catfish [J]. Journal of Food Protection®, 1994, 57 (8): 698-702.

Gao H, Liu M, Liu J, et al. Medium optimization for the production of avermectin B1a by Streptomyces avermitilis 14-12A using response surface methodology [J]. Bioresource Technology, 2009, 100 (17): 4012-4016.

Gao Y, Jia S, Gao Q, et al. A novel bacteriocin with a broad inhibitory spectrum produced by<i> Lactobacillus sake</i> C2, isolated from traditional Chinese fermented cabbage [J]. Food Control, 2010, 21 (1): 76-81.

Gerhard DS, Wagner L, Feingold E, et al. The status, quality, and expansion of the NIH full-length cDNA project: the Mammalian Gene Collection (MGC) [J]. Genome Research, 2004, 14 (10B): 2121-2127.

Gálvez A, Abriouel H, López RL, et al. Bacteriocin-based strategies for food biopreservation [J]. International Journal of Food Microbiology, 2007, 120 (1): 51-70.

Gong H, Meng X, Wang H. Plantaricin MG active against Gram-negative bacteria produced by<i> Lactobacillus plantarum</i> KLDS1. 0391 isolated from "Jiaoke", a traditional fermented cream from China [J]. Food Control, 2010, 21 (1): 89-96.

Gong H, Meng X, Wang H. Plantaricin MG active against Gram-negative bacteria produced by Lactobacillus plantarum KLDS1. 0391 isolated from "Jiaoke", a traditional fermented cream from China [J]. Food Control, 2010, 21 (1): 89-96.

Gould G. History of science-spores [J]. Journal of Applied Microbiology, 2006, 101 (3): 507-513.

GRANUM E, Brynestad S, O′sullivan K, et al. Enterotoxin from Bacillus cereus: production and biochemical characterization [J]. Nederlands Melk en Zuiveltijdschrift, 1993, 47 (2): 63-70.

Guo Z, Shen L, Ji Z, et al. Enhanced production of a novel cyclic hexapeptide antibiotic (NW-G01) by Streptomyces alboflavus 313 using response surface methodology [J]. International Journal of Molecular Sciences, 2012, 13 (4): 5230-5241.

Gut IM, Blanke SR, van der Donk WA. Mechanism of inhibition of Bacillus anthracis spore outgrowth by the lantibiotic nisin [J]. ACS Chemical Biology, 2011,6 (7): 744-752.

Gut IM, Prouty AM, Ballard JD, et al. Inhibition of Bacillus anthracis spore outgrowth by nisin [J]. Antimicrobial Agents and Chemotherapy, 2008, 52 (12): 4281-4288.

Halami PM, Chandrashekar A. Enhanced production of pediocin C20 by a native strain of Pediococcus acidilactici C20 in an optimized food-grade medium [J]. Process Biochemistry, 2005, 40 (5): 1835-1840.

Hancock DE, Indest KJ, Gust KA, et al. Effects of C60 on the Salmonella typhimurium TA100transcriptome expression: Insights into C60-mediated growth inhibition and mutagenicity [J]. Environmental Toxicology and Chemistry, 2012, 31 (7): 1438-1444.

Harbers M, Carninci P. Tag-based approaches for transcriptome research and genome annotation [J]. Nature Methods, 2005, 2 (7): 495-502.

Hasper HE, Kramer NE, Smith JL, et al. An alternative bactericidal mechanism of action for lantibiotic peptides that target lipid II [J]. Science, 2006, 313 (5793): 1636-1637.

Hata T, Tanaka R, Ohmomo S. Isolation and characterization of plantaricin ASM1: A new bacteriocin produced by <i> Lactobacillus plantarum </i> A-1 [J]. International Journal of Food Microbiology, 2010, 137 (1): 94-99.

Hilbert DW, Piggot PJ. Compartmentalization of gene expression during Bacillus subtilis spore formation [J]. Microbiology and Molecular Biology Reviews, 2004, 68 (2): 234-262.

Holder D, Berry D, Dai D, et al. A dynamic and complex monochloramine stress response in Escherichia coli revealed by transcriptome analysis [J]. Water Research, 2013, 47 (14): 4978-4985.

Höper D, Bernhardt J, Hecker M. Salt stress adaptation of Bacillus subtilis: a physiological proteomics approach [J]. Proteomics, 2006, 6 (5): 1550-1562.

Hu M, Zhao H, Zhang C, et al. Purification and characterization of plantaricin 163, a novel bacteriocin produced by Lactobacillus plantarum 163 isolated from traditional Chinese fermented vegetables [J]. J Agric Food Chem, 2013, 61 (47): 11676-11682.

Islam MR, Nagao J-i, Zendo T, et al. Antimicrobial mechanism of lantibiotics [J]. Biochemical Society Transactions, 2012, 40 (6): 1528-1533.

Islam MR, Nishie M, Nagao J-i, et al. Ring A of nukacin ISK-1: a lipid II-binding motif for type-A (II) lantibiotic [J]. Journal of the American Chemical Society, 2012, 134 (8): 3687-3690.

JACK R, BENZ R, TAGG J, et al. The mode of action of SA-FF22, a lantibiotic isolated from Streptococcus pyogenes strain FF22 [J]. European Journal of Biochemistry, 1994, 219 (1-2): 699-705.

Jeanmougin F, Thompson JD, Gouy M, et al. Multiple sequence alignment with Clustal X [J]. Trends in Biochemical Sciences, 1998, 23 (10): 403-405.

Jiang J, Shi B, Zhu D, et al. Characterization of a novel bacteriocin produced by Lactobacillus sakei LSJ618 isolated from traditional Chinese fermented radish [J]. Food Control, 2012, 23 (2): 338-344.

Jiménez-Díaz R, Ruiz-Barba JL, Cathcart DP, et al. Purification and partial amino acid sequence of plantaricin S, a bacteriocin produced by Lactobacillus plantarum LPCO10, the activity of which depends on the complementary action of two peptides [J]. Applied and Environmental Microbiology, 1995, 61 (12): 4459-4463.

Jozala AF, Lopes AM, de Lencastre Novaes LC, et al. Aqueous two-phase micellar system for nisin extraction in the presence of electrolytes [J].

Food and Bioprocess Technology, 2013, 6 (12): 3456-3461.

Kalogridou-Vassiliadou D, . Biochemical activities of Bacillus species isolated from flat sour evaporated milk [J]. Journal of Dairy Science, 1992, 75 (10): 2681-2686.

Kato T, Matsuda T, Ogawa E, et al. Plantaricin-149, a bacteriocin produced by<i> Lactobacillus plantarum</i> NRIC 149 [J]. Journal of Fermentation and Bioengineering, 1994, 77 (3): 277-282.

Kelly W, Asmundson R, Huang C. Characterization of plantaricin KW30, a bacteriocin produced by Lactobacillus plantarum [J]. Journal of Applied Bacteriology, 1996, 81 (6): 657-662.

Khanna S, Srivastava AK. Statistical media optimization studies for growth and PHB production by Ralstonia eutropha [J]. Process Biochemistry, 2005, 40 (6): 2173-2182.

Kingston AW, Subramanian C, Rock CO, et al. A σW-dependent stress response in Bacillus subtilis that reduces membrane fluidity [J]. Molecular Microbiology, 2011, 81 (1): 69-79.

Kingston AW. Membrane Stress Resistance Mechanisms In Bacillus Subtilis [D]. Cornell University, 2014.

König H, Fröhlich J. Lactic acid bacteria. Biology of Microorganisms on Grapes, in Must and in Wine [M]. Springer, 2009: 3-29.

Kodzius R, Kojima M, Nishiyori H, et al. CAGE: cap analysis of gene expression [J]. Nature Methods, 2006, 3 (3): 211-222.

Kordel M, Benz R, Sahl H. Mode of action of the staphylococcinlike peptide Pep 5: voltage-dependent depolarization of bacterial and artificial membranes [J]. Journal of Bacteriology, 1988, 170 (1): 84-88.

Kotiranta A, Lounatmaa K, Haapasalo M. Epidemiology and pathogenesis of Bacillus cereus infections [J]. Microbes and Infection, 2000, 2 (2): 189-198.

Kramer JM, Gilbert RJ. Bacillus cereus and other Bacillus species [J]. Foodborne Bacterial Pathogens, 1989, 19: 21-70.

Kroos L, Zhang B, Ichikawa H, et al. Control of σ factor activity during

Bacillus subtilis sporulation [J]. Molecular Microbiology, 1999, 31 (5): 1285-1294.

Kumari S, Sarkar PK. Prevalence and characterization of Bacillus cereus group from various marketed dairy products in India [J]. Dairy Science & Technology, 2014, 94 (5): 483-497.

Kunst F, Ogasawara N, Moszer I, et al. The complete genome sequence of the gram-positive bacterium Bacillus subtilis [J]. Nature, 1997, 390 (6657): 249-256.

Kursun O, Guner A, Ozmen G. Prevalence of Bacillus cereus in rabbit meat consumed in Burdur-Turkey, its enterotoxin producing ability and antibiotic susceptibility [J]. Kafkas Univ Vet Fak Derg, 2011, 17 (Suppl A): S31-S35.

Laflamme C, Ho J, Veillette M, et al. Flow cytometry analysis of germinating Bacillus spores, using membrane potential dye [J]. Archives of Microbiology, 2005, 183 (2): 107-112.

Lister R, O′Malley RC, Tonti-Filippini J, et al. Highly integrated single-base resolution maps of the epigenome in Arabidopsis [J]. Cell, 2008, 133 (3): 523-536.

Liu W, Hansen JN. Some chemical and physical properties of nisin, a small-protein antibiotic produced by Lactococcus lactis [J]. Applied and Environmental Microbiology, 1990, 56 (8): 2551-2558.

Liu W, Hansen JN. The antimicrobial effect of a structural variant of subtilin against outgrowing Bacillus cereus T spores and vegetative cells occurs by different mechanisms [J]. Applied and Environmental Microbiology, 1993, 59 (2): 648-651.

López-Pedemonte TJ, Roig-Sagués AX, Trujillo AJ, et al. Inactivation of spores of Bacillus cereus in cheese by high hydrostatic pressure with the addition of nisin or lysozyme [J]. Journal of Dairy Science, 2003, 86 (10): 3075-3081.

Ludwig H, Homuth G, Schmalisch M, et al. Transcription of glycolytic genes and operons in Bacillus subtilis: evidence for the presence of multiple levels of control of the gapA operon [J]. Molecular Microbiology, 2001, 41 (2): 409-422.

Mao S, Lu Z, Zhang C, et al. Purification, characterization, and heterologous expression of a thermostable β-1,3-1,4-glucanase from Bacillus altitudinis YC-9 [J]. Applied Biochemistry and Biotechnology, 2013, 169 (3): 960-975.

Marioni JC, Mason CE, Mane SM, et al. RNA-seq: an assessment of technical reproducibility and comparison with gene expression arrays [J]. Genome Research, 2008, 18 (9): 1509-1517.

Martí M, Horn N, Dodd H. Heterologous production of bacteriocins by lactic acid bacteria [J]. International Journal of Food Microbiology, 2003, 80 (2): 101-116.

Masuda S, Murakami KS, Wang S, et al. Crystal structures of the ADP and ATP bound forms of the Bacillus anti-σ factor SpoIIAB in complex with the anti-anti-σ SpoIIAA [J]. Journal of Molecular Biology, 2004, 340 (5): 941-956.

Mathara JM, Schillinger U, Kutima PM, et al. Functional properties of Lactobacillus plantarum strains isolated from Maasai traditional fermented milk products in Kenya [J]. Current Microbiology, 2008, 56 (4): 315-321.

McAuliffe O, Ryan MP, Ross RP, et al. Lacticin 3147, a broad-spectrum bacteriocin which selectively dissipates the membrane potential [J]. Applied and Environmental Microbiology, 1998, 64 (2): 439-445.

Mellegård H, From C, Christensen BE, et al. Inhibition of Bacillus cereus spore outgrowth and multiplication by chitosan [J]. International Journal of Food Microbiology, 2011, 149 (3): 218-225.

Mensa B, Kim YH, Choi S, et al. Antibacterial mechanism of action of arylamide foldamers [J]. Antimicrobial Agents and Chemotherapy, 2011, 55 (11): 5043-5053.

Messaoudi S, Kergourlay G, Dalgalarrondo M, et al. Purification and characterization of a new bacteriocin active against Campylobacter produced by

Lactobacillus salivarius SMXD51 [J]. Food Microbiology, 2012, 32 (1): 129-134.

Messi P, Bondi M, Sabia C, et al. Detection and preliminary characterization of a bacteriocin (plantaricin 35d) produced by a<i> Lactobacillus plantarum</i> strain [J]. International Journal of Food Microbiology, 2001,64 (1): 193-198.

Messi P, Bondi M, Sabia C, et al. Detection and preliminary characterization of a bacteriocin (plantaricin 35d) produced by a Lactobacillus plantarum strain [J]. International Journal of Food Microbiology, 2001, 64 (1): 193-198.

Mira E, Abuzied S. Prevalence of B. cereus and its enterotoxin in some cooked and half cooked chicken products [J]. Assiut Vet Med J, 2006, 52 (109): 70-78.

Moir A, Smith DA. The genetics of bacterial spore germination [J]. Annual Reviews in Microbiology, 1990, 44 (1): 531-553.

Mols M, van Kranenburg R, Tempelaars MH, et al. Comparative analysis of transcriptional and physiological responses of Bacillus cereus to organic and inorganic acid shocks [J]. International Journal of Food Microbiology, 2010, 137 (1): 13-21.

Moon J-H, Park J-H, Lee J-Y. Antibacterial action of polyphosphate on Porphyromonas gingivalis [J]. Antimicrobial Agents and Chemotherapy, 2011, 55 (2): 806-812.

Morin RD, Bainbridge M, Fejes A, et al. Profiling the HeLa S3transcriptome using randomly primed cDNA and massively parallel short-read sequencing [J]. Biotechniques, 2008, 45 (1): 81.

Morris SL, Walsh RC, Hansen J. Identification and characterization of some bacterial membrane sulfhydryl groups which are targets of bacteriostatic and antibiotic action [J]. Journal of Biological Chemistry, 1984, 259 (21): 13590-13594.

Mortazavi A, Williams BA, McCue K, et al. Mapping and quantifying mammalian transcriptomes by RNA-Seq [J]. Nature Methods, 2008, 5

(7): 621-628.

Mu W, Chen C, Li X, et al. Optimization of culture medium for the production of phenyllactic acid by Lactobacillus sp. SK007 [J]. Bioresource Technology, 2009, 100 (3): 1366-1370.

Nagalakshmi U, Wang Z, Waern K, et al. The transcriptional landscape of the yeast genome defined by RNA sequencing [J]. Science, 2008, 320 (5881): 1344-1349.

Naidu A. Natural food antimicrobial systems [M]. CRC Press, 2000.

Nakamura M, Kametani I, Higaki S, et al. Identification of Propionibacterium acnes by polymerase chain reaction for amplification of 16S ribosomal RNA and lipase genes [J]. Anaerobe, 2003, 9 (1): 5-10.

Noonpakdee W, Jumriangrit P, Wittayakom K, et al. Two-peptide bacteriocin from Lactobacillus plantarum PMU 33strain isolated from som-fak, a Thai low salt fermented fish product [J]. Asia Pasific Journal of Molecular Biology and Biotechnology, 2009, 17 (1): 19-25.

Ochsner UA, Bell SJ, O'Leary AL, et al. Inhibitory effect of REP3123 on toxin and spore formation in Clostridium difficile, and in vivo efficacy in a hamster gastrointestinal infection model [J]. Journal of Antimicrobial Chemotherapy, 2009, 63 (5): 964-971.

Okoniewski MJ, Miller CJ. Hybridization interactions between probesets in short oligo microarrays lead to spurious correlations [J]. BMC Bioinformatics, 2006, 7 (1): 276.

O' sullivan L, Ross R, Hill C. Potential of bacteriocin-producing lactic acid bacteria for improvements in food safety and quality [J]. Biochimie, 2002, 84 (5): 593-604.

Paidhungat M, Setlow P. Spore germination and outgrowth [J]. Bacillus Subtilis and Its Relatives: From Genes to Cells American Society for Microbiology, Washington, DC, 2002: 537-548.

Parada JL, Caron CR, Medeiros ABP, et al. Bacteriocins from lactic acid bacteria: purification, properties and use as biopreservatives [J]. Brazilian Archives of Biology and Technology, 2007, 50 (3): 512-542.

Patton GC, van der Donk WA. New developments in lantibiotic biosynthesis and mode of action [J]. Current Opinion in Microbiology, 2005, 8 (5): 543-551.

Peiffer JA, Kaushik S, Sakai H, et al. A spatial dissection of the Arabidopsis floral transcriptome by MPSS [J]. BMC Plant Biology, 2008, 8 (1): 43.

Pereira FC, Saujet L, Tomé AR, et al. The spore differentiation pathway in the enteric pathogen Clostridium difficile [J]. PLoS Genet, 2013, 9 (10): e1003 782.

Piard J-C, Muriana P, Desmazeaud M, et al. Purification and partial characterization of lacticin 481, a lanthionine-containing bacteriocin produced by Lactococcus lactis subsp. lactis CNRZ 481 [J]. Applied and Environmental Microbiology, 1992, 58 (1): 279-284.

Pingitore EV, Salvucci E, Sesma F, et al. Different strategies for purification of antimicrobial peptides from lactic acid bacteria (LAB) [J]. Communicating Current Research and Educational Topics and Trends in Applied Microbiology, 2007, 1: 557-568.

Pol IE, van Arendonk WG, Mastwijk HC, et al. Sensitivities of germinating spores and carvacrol-adapted vegetative cells and spores of Bacillus cereus to nisin and pulsed-electric-field treatment [J]. Applied and Environmental Microbiology, 2001,67 (4): 1693-1699.

Powell J, Witthuhn R, Todorov S, et al. Characterization of bacteriocin ST8KF produced by a kefir isolate Lactobacillus plantarum ST8KF [J]. International Dairy Journal, 2007, 17 (3): 190-198.

Prasad T, Chandra A, Mukhopadhyay CK, et al. Unexpected link between iron and drug resistance of Candida spp.: iron depletion enhances membrane fluidity and drug diffusion, leading to drug-susceptible cells [J]. Antimicrobial Agents and Chemotherapy, 2006, 50 (11): 3597-3606.

Prins WA, Botha M, Botes M, et al. Lactobacillus plantarum 24, isolated from the marula fruit (Sclerocarya birrea), has probiotic properties and harbors genes encoding the production of three bacteriocins [J]. Current

Microbiology, 2010, 61 (6): 584-589.

Rahimi E, Abdos F, Momtaz H, et al. Bacillus cereus in infant foods: prevalence study and distribution of enterotoxigenic virulence factors in Isfahan Province, Iran [J]. The Scientific World Journal, 2013.

Ramirez-Peralta A, Zhang P, Li Y-q, et al. Effects of sporulation conditions on the germination and germination protein levels of Bacillus subtilis spores [J]. Applied and Environmental Microbiology, 2012, 78 (8): 2689-2697.

Ramnath M, Beukes M, Tamura K, et al. Absence of a Putative Mannose-Specific Phosphotransferase System Enzyme IIAB Component in a Leucocin A-Resistant Strain ofListeria monocytogenes, as Shown by Two-Dimensional Sodium Dodecyl Sulfate-Polyacrylamide Gel Electrophoresis [J]. Applied and Environmental Microbiology, 2000, 66 (7): 3098-3101.

Ratnam B, Rao MN, Rao MD, et al. Optimization of fermentation conditions for the production of ethanol from sago starch using response surface methodology [J]. World Journal of Microbiology and Biotechnology, 2003, 19 (5): 523-526.

Rédei GP. Massively Parallel Signature Sequencing (MPSS) [J]. Encyclopedia of Genetics, Genomics, Proteomics and Informatics, 2008: 1158-1158.

Reenen V. Isolation, purification and partial characterization of plantaricin 423, a bacteriocin produced by Lactobacillus plantarum [J]. Journal of Applied Microbiology, 1998, 84 (6): 1131-1137.

Reisinger P, Seidel H, Tschesche H, et al. The effect of nisin on murein synthesis [J]. Archives of Microbiology, 1980, 127 (3): 187-193.

Reiter L, KolstØ A-B, Piehler AP. Reference genes for quantitative, reverse-transcription PCR in Bacillus cereus group strains throughout the bacterial life cycle [J]. Journal of Microbiological Methods, 2011, 86 (2): 210-217.

Rekhif N, Atrih A, Lefebvre G. Characterization and partial purification of plantaricin LC74, a bacteriocin produced by Lactobacillus plantarum LC74 [J]. Biotechnology Letters, 1994, 16 (8): 771-776.

Rekhif N, Atrih A, Lefebvrexy G. Activity of plantaricin SA6, a bacteriocin produced by Lactobacillus plantarum SA6 isolated from fermented sausage [J]. Journal of Applied Bacteriology, 1995, 78 (4): 349-358.

Řezáčová P, Kožíšek M, Moy SF, et al. Crystal structures of the effector-binding domain of repressor Central glycolytic gene Regulator from Bacillus subtilis reveal ligand-induced structural changes upon binding of several glycolytic intermediates [J]. Molecular Microbiology, 2008, 69 (4): 895-910.

Ricciardi A, Parente E, Guidone A, et al. Genotypic diversity of stress response in Lactobacillus plantarum, Lactobacillus paraplantarum and Lactobacillus pentosus [J]. International Journal of Food Microbiology, 2012, 157 (2): 278-285.

Rink R, Wierenga J, Kuipers A, et al. Dissection and modulation of the four distinct activities of nisin by mutagenesis of rings A and B and by C-terminal truncation [J]. Applied and Environmental Microbiology, 2007, 73 (18): 5809-5816.

Rogers L. The inhibiting effect of Streptococcus lactis on Lactobacillus bulgaricus [J]. Journal of Bacteriology, 1928, 16 (5): 321.

Ross RP, Morgan S, Hill C. Preservation and fermentation: past, present and future [J]. International Journal of Food Microbiology, 2002, 79 (1): 3-16.

Royce TE, Rozowsky JS, Gerstein MB. Toward a universal microarray: prediction of gene expression through nearest-neighbor probe sequence identification [J]. Nucleic Acids Research, 2007, 35 (15): e99.

Ruhr E, Sahl H-G. Mode of action of the peptide antibiotic nisin and influence on the membrane potential of whole cells and on cytoplasmic and artificial membrane vesicles [J]. Antimicrobial Agents and Chemotherapy, 1985, 27 (5): 841-845.

Sahl H-G, Kordel M, Benz R. Voltage-dependent depolarization of bacterial membranes and artificial lipid bilayers by the peptide antibiotic nisin [J]. Archives of Microbiology, 1987, 149 (2): 120-124.

Sauvageau J, Ryan J, Lagutin K, et al. Isolation and structural characterisation of the major glycolipids from Lactobacillus plantarum [J]. Carbohydrate Research, 2012, 357: 151-156.

Schaller A, Sun Z, Yang Y, et al. Salicylate reduces susceptibility of Mycobacterium tuberculosis to multiple antituberculosis drugs [J]. Antimicrobial Agents and Chemotherapy, 2002, 46 (8): 2636-2639.

Schlegel HG, Folkerts M. Geschichte der Mikrobiologie [M]. Deutsche Akademie der Naturforscher Leopoldina Halle, Germany, 1999.

Sebti I, Blanc D, Carnet-Ripoche A, et al. Experimental study and modeling of nisin diffusion in agarose gels [J]. Journal of Food Engineering, 2004, 63 (2): 185-190.

Serrano M, Côrte L, Opdyke J, et al. Expression of spoIIIJ in the prespore is sufficient for activation of σG and for sporulation in Bacillus subtilis [J]. Journal of Bacteriology, 2003, 185 (13): 3905-3917.

Setlow P. Spore germination [J]. Current Opinion in Microbiology, 2003, 6 (6): 550-556.

Shah SQ, Cabello FC, L'Abée-Lund TM, et al. Antimicrobial resistance and antimicrobial resistance genes in marine bacteria from salmon aquaculture and non-aquaculture sites [J]. Environmental Microbiology, 2014, 16 (5): 1310-1320.

Shiraki T, Kondo S, Katayama S, et al. Cap analysis gene expression for high-throughput analysis of transcriptional starting point and identification of promoter usage [J]. Proceedings of the National Academy of Sciences, 2003, 100 (26): 15776-15781.

Siezen RJ, Tzeneva VA, Castioni A, et al. Phenotypic and genomic diversity of Lactobacillus plantarum strains isolated from various environmental niches [J]. Environmental Microbiology, 2010, 12 (3): 758-773.

Smaoui S, Elleuch L, Bejar W, et al. Inhibition of fungi and gram-negative bacteria by bacteriocin BacTN635 produced by Lactobacillus plantarum sp. TN635 [J]. Applied Biochemistry and Biotechnology, 2010, 162 (4): 1132-1146.

Smith D, Berrang M, Feldner P, et al. Detection of Bacillus cereus on selected retail chicken products [J]. Journal of Food Protection®, 2004, 67 (8): 1770-1773.

Soliman W, Wang L, Bhattacharjee S, et al. Structure-activity relationships of an antimicrobial peptide plantaricin S from two-peptide class IIb bacteriocins [J]. Journal of Medicinal Chemistry, 2011, 54 (7): 2399-2408.

Song D-F, Zhu M-Y, Gu Q. Purification and Characterization of Plantaricin ZJ5, a New Bacteriocin Produced by Lactobacillus plantarum ZJ5 [J]. PloS One, 2014, 9 (8): e 105549.

Srinivasan R, Kumawat DK, Kumar S, et al. Purification and characterization of a bacteriocin from Lactobacillus rhamnosus L34 [J]. Annals of Microbiology, 2013, 63 (1): 387-392.

Srionnual S, Yanagida F, Lin L-H, et al. Weissellicin 110, a newly discovered bacteriocin from Weissella cibaria 110, isolated from plaa-som, a fermented fish product from Thailand [J]. Applied and Environmental Microbiology, 2007, 73 (7): 2247-2250.

Stiles ME, Holzapfel WH. Lactic acid bacteria of foods and their current taxonomy [J]. International Journal of Food Microbiology, 1997, 36 (1): 1-29.

Stoddard GW, Petzel JP, Van Belkum M, et al. Molecular analyses of the lactococcin A gene cluster from Lactococcus lactis subsp. lactis biovar diacetylactis WM4 [J]. Applied and Environmental Microbiology, 1992, 58 (6): 1952-1961.

Sunny-Roberts E, Knorr D. Evaluation of the response of Lactobacillus rhamnosus VTT E-97800to sucrose-induced osmotic stress [J]. Food Microbiology, 2008, 25 (1): 183-189.

Svetoch EA, Eruslanov BV, Levchuk VP, et al. Isolation of Lactobacillus salivarius 1077 (NRRL B-50053) and characterization of its bacteriocin and spectra of antimicrobial activity [J]. Applied and Environmental Microbiology, 2011.

Taylor TM, Davidson PM, Zhong Q. Extraction of nisin from a 2.5% commercial nisin product using methanol and ethanol solutions [J]. Journal of Food Protection®, 2007, 70 (5): 1272-1276.

Te Giffel M, Beumer R, Slaghuis B, et al. Occurrence and characterization of (psychrotrophic) Bacillus cereus on farms in the Netherlands [J]. Nederlands Melk en Zuiveltijdschrift, 1995, 49 (2-3): 125-138.

Ter Beek A, Keijser BJ, Boorsma A, et al. Transcriptome analysis of sorbic acid-stressed Bacillus subtilis reveals a nutrient limitation response and indicates plasma membrane remodeling [J]. Journal of Bacteriology, 2008, 190 (5): 1751-1761.

Tewari A, Abdullah S. Bacillus cereus food poisoning: international and Indian perspective [J]. Journal of Food Science and Technology, 2015, 52 (5): 2500-2511.

Thackray PD, Moir A. SigM, an extracytoplasmic function sigma factor of Bacillus subtilis, is activated in response to cell wall antibiotics, ethanol, heat, acid, and superoxide stress [J]. Journal of Bacteriology, 2003, 185 (12): 3491-3498.

Todorov S, Dicks L. Effect of medium components on bacteriocin production by Lactobacillus plantarum strains ST23LD and ST341LD, isolated from spoiled olive brine [J]. Microbiological Research, 2006, 161 (2): 102-108.

Todorov S, Nyati H, Meincken M, et al. Partial characterization of bacteriocin AMA-K, produced by<i> Lactobacillus plantarum</i> AMA-K isolated from naturally fermented milk from Zimbabwe [J]. Food Control, 2007, 18 (6): 656-664.

Todorov S, Onno B, Sorokine O, et al. Detection and characterization of a novel antibacterial substance produced by Lactobacillus plantarum ST 31 isolated from sourdough [J]. International Journal of Food Microbiology, 1999, 48 (3): 167-177.

Todorov SD, Dicks LM. Influence of growth conditions on the production of a bacteriocin by Lactococcus lactis subsp. lactis ST34BR, a strain isolated from barley beer [J]. Journal of Basic Microbiology, 2004, 44 (4):

305-316.

Todorov SD, Dicks LMT. Effect of Growth Medium on Bacteriocin Production by Lactobacillus plantarum ST194 BZ, a Strain Isolated from Boza [J]. Food Technology and Biotechnology, 2005, 43 (2): 165-173.

Todorov SD, Powell JE, Meincken M, et al. Factors affecting the adsorption of Lactobacillus plantarum bacteriocin bacST8KF to Enterococcus faecalis and Listeria innocua [J]. International Journal of Dairy Technology, 2007, 60 (3): 221-227.

Todorov SD, Reenen CAv, Dicks LMT. Optimization of bacteriocin production by Lactobacillus plantarum ST13BR, a strain isolated from barley beer [J]. The Journal of General and Applied Microbiology, 2004, 50 (3): 149-157.

Van Reenen C, Dicks L, Chikindas M. Isolation, purification and partial characterization of plantaricin 423, a bacteriocin produced by Lactobacillus plantarum [J]. Journal of Applied Microbiology, 1998, 84 (6): 1131-1137.

Velusamy V, Arshak K, Korostynska O, et al. An overview of foodborne pathogen detection: In the perspective of biosensors [J]. Biotechnology Advances, 2010, 28 (2): 232-254.

Vuyst LD, Vandamme EJ. Influence of the phosphorus and nitrogen source on nisin production in Lactococcus lactis subsp. lactis batch fermentations using a complex medium [J]. Applied Microbiology & Biotechnology, 1993, 40 (1): 17-22.

Wiedemann I, Benz R, Sahl H-G. Lipid II-mediated pore formation by the peptide antibiotic nisin: a black lipid membrane study [J]. Journal of Bacteriology, 2004, 186 (10): 3259-3261.

Wiedemann I, Breukink E, van Kraaij C, et al. Specific binding of nisin to the peptidoglycan precursor lipid II combines pore formation and inhibition of cell wall biosynthesis for potent antibiotic activity [J]. Journal of Biological Chemistry, 2001, 276 (3): 1772-1779.

Wiedemann I, Böttiger T, Bonelli RR, et al. Lipid II-based antimicrobial activity of the lantibiotic plantaricin C [J]. Applied and Environmental Microbiology, 2006, 72 (4): 2809-2814.

Wiedemann I, Böttiger T, Bonelli RR, et al. The mode of action of the lantibiotic lacticin 3147-a complex mechanism involving specific interaction of two peptides and the cell wall precursor lipid II [J]. Molecular Microbiology, 2006, 61 (2): 285-296.

Wilhelm BT, Marguerat S, Watt S, et al. Dynamic repertoire of a eukaryotic transcriptome surveyed at single-nucleotide resolution [J]. Nature, 2008, 453 (7199): 1239-1243.

Xie Y, An H, Hao Y, et al. Characterization of an anti-<i> Listeria</i> bacteriocin produced by<i> Lactobacillus plantarum</i> LB-B1 isolated from koumiss, a traditionally fermented dairy product from China [J]. Food Control, 2011, 22 (7): 1027-1031.

Xie Y, An H, Hao Y, et al. Characterization of an anti-Listeria bacteriocin produced by Lactobacillus plantarum LB-B1 isolated from koumiss, a traditionally fermented dairy product from China [J]. Food Control, 2011, 22 (7): 1027-1031.

Xiong Z-Q, Tu X-R, Tu G-Q. Optimization of medium composition for actinomycin X2 production by Streptomyces spp JAU4234 using response surface methodology [J]. Journal of Industrial Microbiology & biotechnology, 2008, 35 (7): 729-734.

Yamada K, Lim J, Dale JM, et al. Empirical analysis of transcriptional activity in the Arabidopsis genome [J]. Science, 2003, 302 (5646): 842-846.

Yang R, Johnson MC, Ray B. Novel method to extract large amounts of bacteriocins from lactic acid bacteria [J]. Applied and Environmental Microbiology, 1992, 58 (10): 3355-3359.

Yu ML, Kim JS, Wang JK. Optimization for the maximum bacteriocin production of Lactobacillus brevis DF01 using response surface methodology [J]. Food Science & Biotechnology, 2012, 21 (3): 653-659.

Yu W-B, Yin C-Y, Zhou Y, et al. Prediction of the mechanism of action of fusaricidin on Bacillus subtilis [J]. 2012.

Zhang C-H, Ma Y-J, Yang F-X, et al. Optimization of medium composition for butyric acid production by Clostridium thermobutyricum using response surface methodology [J]. Bioresource Technology, 2009, 100 (18): 4284-4288.

Zhang L, Higgins ML, Piggot PJ, et al. Analysis of the role of prespore gene expression in the compartmentalization of mother cell-specific gene expression during sporulation of Bacillus subtilis [J]. Journal of Bacteriology, 1996, 178 (10): 2813-2817.

Zhou XX, Pan YJ, Wang YB, et al. Optimization of medium composition for nisin fermentation with response surface methodology [J]. Journal of Food Science, 2008, 73 (6): M245-M249.

Zhu X, Zhao Y, Sun Y, et al. Purification and characterisation of plantaricin ZJ008, a novel bacteriocin against Staphylococcus spp. from Lactobacillus plantarum ZJ008 [J]. Food Chemistry, 2014, 165: 216-223.

Zhu X, Zhao Y, Sun Y, et al. Purification and Characterization of Plantaricin ZJ008, a Novel Bacteriocin against <i> Staphylococcus </i> spp. from<i> Lactobacillus plantarum</i> ZJ008 [J]. Food Chemistry, 2014.